바쁜 친구들이 즐거워지는 빠른 학습법 ─ 시간 계산 훈련서

바빠 연산법 시리즈
모아서 한 번에 총정리

징검다리 교육연구소, 강난영 지음

바쁜

초등학생을 위한

빠른

시계와 시간

한 권으로 총정리!

시계 보기

시각과 시간

시간의 계산

이지스에듀

저자 소개

징검다리 교육연구소는 바쁜 친구들을 위한 빠른 학습법을 연구하는 이지스에듀의 공부 연구소입니다.
아이들이 기계적으로 공부하지 않도록, 두뇌가 활성화되는 과학적 학습 설계가 적용된 책을 만듭니다.

강난영 선생님은 영역별 연산 훈련 교재로, 연산 시장에 새바람을 일으킨 《바쁜 5·6학년을 위한 빠른 연산법》,
《바쁜 중1을 위한 빠른 중학연산》, 《바쁜 초등학생을 위한 빠른 구구단》, 《7살 첫 수학》을 기획하고 집필한 저자
입니다. 또한, 20년이 넘는 기간 동안 디딤돌, 한솔교육, 대교에서 초중등 콘텐츠를 연구, 기획, 개발해 왔습니다.

바빠 연산법 시리즈

바쁜 초등학생을 위한 빠른 시계와 시간 – 시계 보기, 시각과 시간, 시간의 계산

초판 발행 2020년 12월 15일
초판 11쇄 2024년 7월 1일
지은이 징검다리 교육연구소, 강난영
발행인 이지연
펴낸곳 이지스퍼블리싱(주)
출판사 등록번호 제313-2010-123호
주소 서울시 마포구 잔다리로 109 이지스 빌딩 5층(우편번호 04003)
대표전화 02-325-1722   팩스 02-326-1723
이지스퍼블리싱 홈페이지 www.easyspub.com   이지스에듀 카페 www.easysedu.co.kr
바빠 아지트 블로그 blog.naver.com/easyspub   인스타그램 @easys_edu
페이스북 www.facebook.com/easyspub2014   이메일 service@easyspub.co.kr

기획 및 책임 편집 박지연, 김현주, 조은미, 정지연, 이지혜   교정 교열 김정은   그림 김학수
표지 및 내지 디자인 정우영, 손한나   전산편집 이츠북스   인쇄 보광문화사
영업 및 문의 이주동, 김요한(support@easyspub.co.kr)   마케팅 박정현, 한송이, 이나리   독자 지원 오경신, 박애림

ISBN 979-11-6303-203-8 64410
ISBN 979-11-87370-61-1(세트)
가격 12,000원

• **이지스에듀**는 이지스퍼블리싱의 교육 브랜드입니다.
 (이지스에듀는 학생들을 탈락시키지 않고 모두 목적지까지 데려가는 책을 만듭니다!)

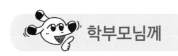

초등학생이 어려워하는 시계와 시간을 한 권에 모았어요!

 많은 아이들이 시각과 시간 개념을 어려워해요.

초등 저학년 수학에서 아이들이 어려워하는 영역 중 하나가 시간 영역입니다. 아이도, 엄마도 괴로운 시간 영역은 엄마들 사이에서 초등 수학의 늪지대, 복병이라고도 불리우지요. 특히 2학년 때 배우는 '시각과 시간' 단원은 여러 가지 개념을 짧은 기간 동안 배우는 데다 개념이 추상적이다 보니 어린이들이 많이 어려워합니다. 그래서 정확한 이해와 연습 없이 넘어가게 되면 3학년 '시간의 계산'에서도 어려움을 겪게 됩니다. 따라서 1, 2학년 때 개념부터 다지고 충분히 연습하는 게 좋습니다.

 1·2·3학년에 흩어져서 배우는 시계와 시간을 모두 모아서 훈련해요!

일상생활에 가장 밀접한 시간 영역은 초등 1학년 2학기, 2학년 2학기, 3학년 1학기의 교과에 걸쳐서 배웁니다.

이 책은 시계 보기부터 시각과 시간, 시간의 계산(받아올림, 받아내림이 없는 시간의 계산)까지 한 권으로 구성했습니다. 1학년 내용 중 너무 쉬운 내용은 축소하고, 아이들이 자주 틀리고 어려워하는 2학년 시각과 시간 내용을 더 늘려 탄력적으로 문제를 배치했습니다.

따라서 이 책으로 공부하면 저학년에서 배우는 시각과 시간 영역의 흩어진 개념을 모두 모아 한꺼번에 기본을 다질 수 있습니다.

3

'시계와 시간' 기초부터 정확하게 단계적으로 연습해요!

이 책은 가장 기초 학습인 시계 보기를 몇 시, 몇 시 30분 읽기부터 5분 단위, 1분 단위, 초 단위까지 연결하여 구성했습니다. 시각 읽기는 숫자 읽기와 다릅니다. '셋시'가 아닌 '세시', '넷시'가 아닌 '네시'처럼 정확하게 읽고 쓰는 연습부터 시작해야 합니다. 시각 읽기가 정확해야 아이들이 실수하기 쉬운 '여러 가지 방법으로 시각 읽기', '걸린 시간 구하기'도 잘할 수 있습니다. 이 책으로 기초부터 정확하게 다지고 넘어가도록 도와주세요.

 ## 그림과 빈칸 채우기로 개념을 쉽게 익혀요!

시계를 먼저 알아야 시각과 시간을 이해할 수 있어요.

이 책은 개념을 그림으로 먼저 보여주고 빈칸을 채워 넣으면서 스스로 이해할 수 있도록 구성했습니다. 그리고 개념을 확인하는 퀴즈와 궁금증을 풀어 주는 코너를 통해 이해를 돕습니다. 시간의 단위 변환에서 몇 시간을 몇 분으로 바꿀 때 기계적으로 계산하기보다 먼저 시계를 보여주면서 1시간이 왜 60분인지 알려 주는 게 중요합니다. '시각과 시간'도 원리부터 알아야 정확하게 이해할 수 있으니까요.

 ## 훈련 문제로 개념을 다진 뒤 생활 속 문장제까지 도전해요!

개념을 이해했다면 이제 적정한 분량의 문제로 훈련해야 합니다. 이 책은 개념을 하나씩 익힌 다음, 앞의 개념을 모아서 복습하도록 구성했습니다. 그리고 자연스럽게 기초 문장제로 이어지면서 생활 속 문장제에 도전하게 합니다. 또한 단원별로 세분화한 개념을 재미있는 마무리 문제를 풀면서 총정리할 수 있습니다.

'바빠 시계와 시간'은 '바빠 연산법' 덧셈 편, 뺄셈 편, 구구단과 함께 보면 좋아요!

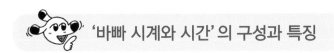
'바빠 시계와 시간'의 구성과 특징

1. 한눈에 보는 개념 그림과 빈칸 채우기로 개념을 이해해요!

시계와 시간도 원리를 알면 개념 이해가 쉽습니다. 이 책은 개념을 그림으로 보여주고 빈 칸을 채워 넣으면서 익히도록 구성했습니다. 바빠독과 함께 개념을 하나하나 꼼꼼히 익혀 봐요!

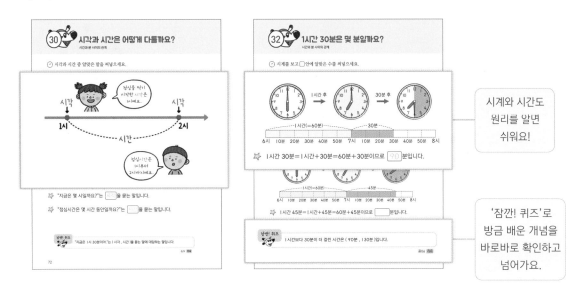

2. 섞어! 연습하기 훈련 문제로 개념을 내 것으로 만들어요!

시간 영역도 연산처럼 훈련이 필요합니다. 개념을 익힌 후 훈련 문제로 개념을 다져보세요. 너무 많지도 적지도 않은 딱 적정한 분량의 문제를 제시했으니 집중해서 풀어 봐요!

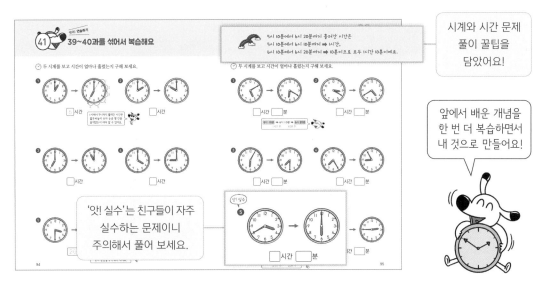

3. 도전! 문장제 생활 속 문장제로 이해력을 키워요!

'도전! 문장제'에서는 실생활 속에서 경험할 수 있는 시계와 시간 문장제를 연습합니다. 일상생활에서 많이 활용되는 생활 속 문장제를 풀면 이해력과 응용력을 키울 수 있어요!

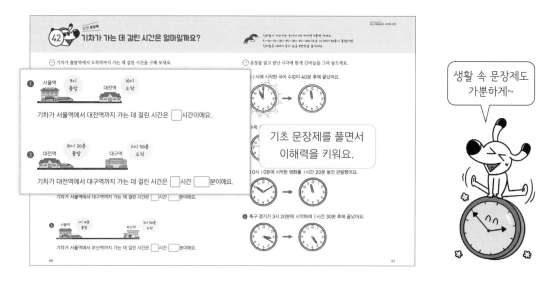

4. 완성! 마무리 놀이하듯 즐겁게 단원을 마무리해요~

한 단원이 끝날 때마다 길찾기, 퍼즐, 퀴즈 등을 통해 재미있게 공부를 마무리하도록 구성했습니다. 개념을 잘 이해했는지 점검하면서 성취감도 느껴 보세요!

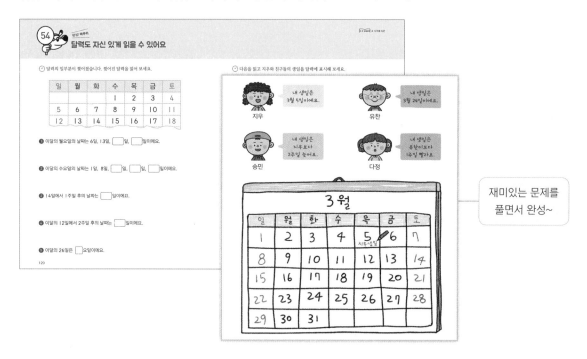

해시계

아주 오랜 옛날 사람들은 태양을 보고 시각을 알았어요. 또한 하루를 태양이 있는 '낮'과 태양이 없는 '밤'으로 구분했어요.
기원전 3500년경 메소포타미아 사람들은 바닥에 막대를 세워 두고 눈금을 새겨 그림자를 통해 시각을 읽는 해시계를 이용했어요.

기원전 1500년경 이집트에서는 오벨리스크라는 거대하고 뾰족한 돌기둥을 해시계로 이용했어요. 하지만 해시계는 밤이 되거나 날이 흐리면 볼 수가 없었어요. 그래서 물시계가 만들어졌어요.

물시계

해시계

1275년에는 최초로 기계의 힘(톱니바퀴)을 이용한 시계가 등장했고, 1656년 네덜란드 수학자 하위헌스가 흔들리는 추를 이용하여 정교한 시계를 만들었어요.

그 후에 기술이 발전하며 오늘날 우리가 사용하는 시계가 만들어진 거예요.

 목 차

권장 진도표

♡	32일 완성	13일 완성
☐ 1일차	01~02과	01~07과
☐ 2일차	03~05과	08~13과
☐ 3일차	06~07과	14~18과
☐ 4일차	08~09과	19~24과
☐ 5일차	10~11과	25~29과
☐ 6일차	12~13과	30~34과
☐ 7일차	14~16과	35~38과
☐ 8일차	17~18과	39~43과
☐ 9일차	19~20과	44~49과
☐ 10일차	21~22과	50~54과
☐ 11일차	23~24과	55~58과
☐ 12일차	25~27과	59~64과
☐ 13일차	28~29과	65~70과
☐ 14일차	30~32과	
☐ 15일차	33~34과	
☐ 16일차	35~36과	
☐ 17일차	37~38과	
☐ 18일차	39~41과	
☐ 19일차	42~43과	
☐ 20일차	44~45과	
☐ 21일차	46~47과	
☐ 22일차	48~49과	
☐ 23일차	50~52과	
☐ 24일차	53~54과	
☐ 25일차	55~56과	
☐ 26일차	57~58과	
☐ 27일차	59~60과	
☐ 28일차	61~62과	
☐ 29일차	63~64과	
☐ 30일차	65~66과	
☐ 31일차	67~68과	
☐ 32일차	69~70과	

복습이라면 빠르게 13일 완성!

1·2학년이라면 32일에 완성하세요!

* 가볍게 공부할 때는 하루에 1과씩 70일에 완성하세요!

9

첫째
마당

시계 읽기

빠독이를 따라
이상한 시계 나라를
탈출해 보아요.

오늘 공부한
단계를 색칠해
보세요!

01

02

03

04

05

06

07

08

09

10

11

12

13

나의 공부 계획

단원별로 공부한 날짜를 써 보세요!

		시작 :	월	일
01~07과	몇 시와 몇 시 30분 시계 읽기	끝 :	월	일
08~13과	5분 단위로 시계 읽기	시작 :	월	일
		끝 :	월	일
14~18과	몇 시 몇 분 시계 읽기	시작 :	월	일
		끝 :	월	일
19~24과	여러 가지 방법으로 시각 읽기	시작 :	월	일
		끝 :	월	일
25~29과	몇 시 몇 분 몇 초 시계 읽기	시작 :	월	일
		끝 :	월	일

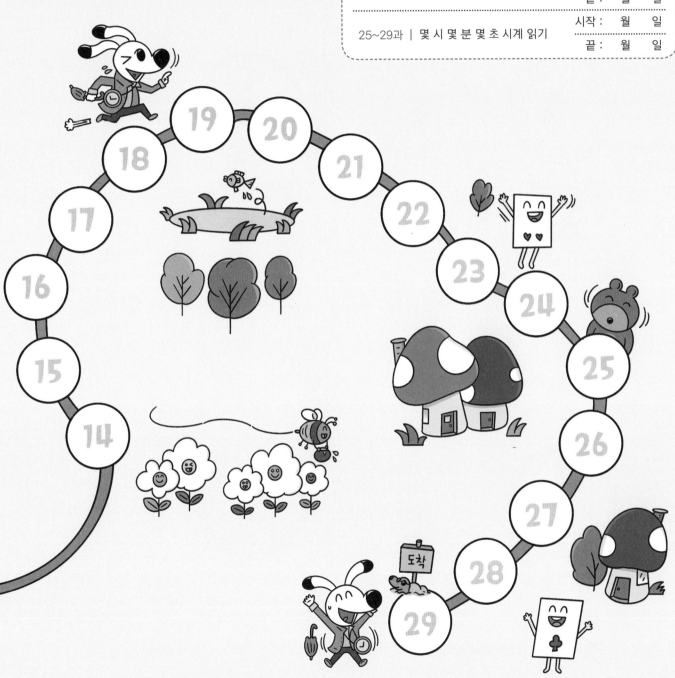

01 긴바늘이 12를 가리키면 몇 시예요

몇 시와 몇 시 30분 시계 읽기

🕐 시계를 보고 시각을 읽어 보세요.

시계	시각 읽기	시계	시각 읽기
(1시)	1시 한시	(4시)	☐시 네시
1:00		4:00	
(2시)	2시 두시	(4시)	☐시 ☐시
(3시)	☐시 세시	(6시)	☐시 ☐시

 잠깐! 퀴즈
짧은바늘이 2를 가리키고 긴바늘이 12를 가리키면 (2시 , 12시)입니다.

정답 2시

12

시계의 짧은바늘이 ■를 가리키고, 긴바늘이 12를 가리키면 ■시라고 읽어요.
짧은바늘이 3, 긴바늘이 12를 가리키면 3시,
짧은바늘이 5, 긴바늘이 12를 가리키면 5시예요.

시계를 보고 시각을 읽어 보세요.

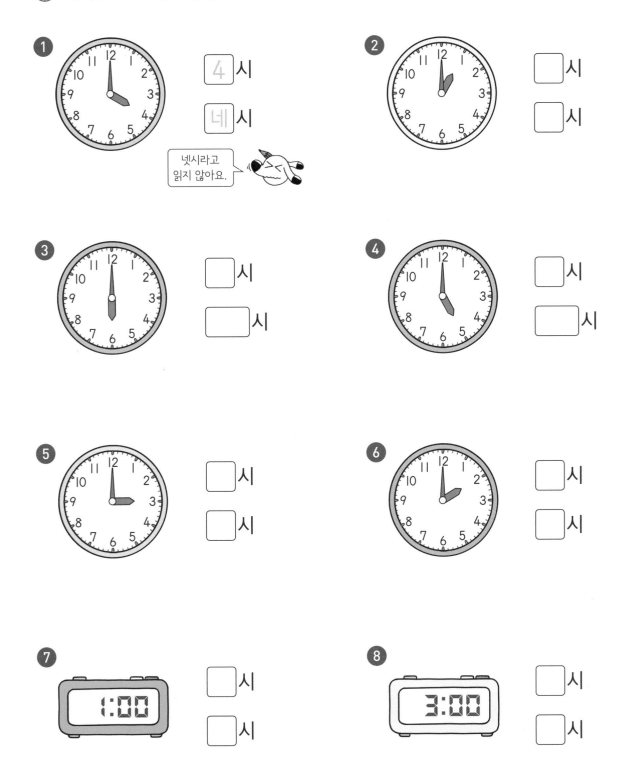

① [4]시
   [네]시

   넷시라고
   읽지 않아요.

② □시
   □시

③ □시
   □시

④ □시
   □시

⑤ □시
   □시

⑥ □시
   □시

⑦ 1:00 □시
        □시

⑧ 3:00 □시
        □시

02 몇 시일까요?

몇 시와 몇 시 30분 시계 읽기

🕐 시계를 보고 시각을 읽어 보세요.

시계	시각 읽기	시계	시각 읽기
(아날로그 시계 7시, 디지털 시계 7:00)	**7**시 일곱시	(아날로그 시계 10시, 디지털 시계 10:00)	☐시 ☐시
(아날로그 시계 8시)	8시 여덟시	(아날로그 시계 11시)	☐시 ☐시
(아날로그 시계 9시)	☐시 ☐시	(아날로그 시계 12시)	☐시 ☐시

🐭❓ **궁금해요!**   시계의 숫자는 왜 12까지 있나요?

고대 바빌로니아 사람들은 해와 달이 12번 기울어졌다가 다시 차면 계절이 돌아온다는 사실을 알게 되었어요. 그래서 하루의 낮을 12로 나누고, 밤도 12로 나누어 나타내면서 시계도 12개의 숫자로 나타낸 거예요.

디지털시계에서 : 앞의 숫자는 몇 시,
: 뒤의 숫자는 몇 분을 나타내요.
왼쪽의 디지털시계가 나타내는 시각은 7시예요.

○ 시계를 보고 시각을 읽어 보세요.

❶  ⌈7⌉시
⌈일곱⌉시

❷  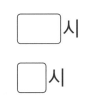 ☐시
☐시

❸  ☐시
☐시

❹  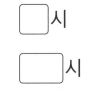 ☐시
☐시

❺  ☐시
☐시

❻  ☐시
☐시

❼  ☐시
☐시

❽  ☐시
☐시

긴바늘이 6을 가리키면 30분이에요

몇 시와 몇 시 30분 시계 읽기

🕐 시계를 보고 시각을 읽어 보세요.

짧은바늘이 두 숫자 사이에 있으면
지나온 숫자에 '시'를 붙여 읽어요.

시계	시각 읽기	시계	시각 읽기
(시계 1시30분) (디지털 1:30)	**1**시 **30**분 한시 삼십분	(시계 4:30) (디지털 4:30)	☐시 ☐분 네시 삼십분
(시계 2시30분)	**2**시 30분 두시 삼십분	(시계)	☐시 ☐분 ☐시 ☐분
(시계 3시30분)	3시 ☐분 세시 삼십분	(시계)	☐시 ☐분 ☐시 ☐분

 잠깐! 퀴즈

짧은바늘이 4와 5 사이, 긴바늘이 6을 가리키면 (4시 30분 , 5시 30분)입니다.

정답 4시 30분

16

시계의 짧은바늘이 1과 2 사이에 있다는 것은 1시는 지났고,
2시는 아직 안 됐다는 뜻이에요. 그래서 1시 몇 분이라고 읽어요.

시계를 보고 시각을 읽어 보세요.

1

3 시 30 분

세 시 삼십 분

2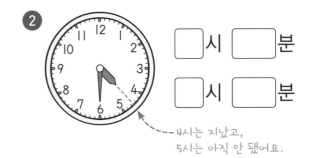

☐시 ☐분

☐시 ☐분

4시는 지났고,
5시는 아직 안 됐어요.

3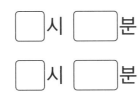

☐시 ☐분

☐시 ☐분

4

☐시 ☐분

☐시 ☐분

5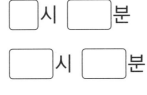

☐시 ☐분

☐시 ☐분

6

☐시 ☐분

☐시 ☐분

7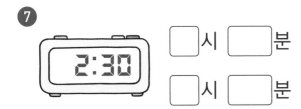

☐시 ☐분

☐시 ☐분

8

☐시 ☐분

☐시 ☐분

몇 시 30분일까요?

몇 시와 몇 시 30분 시계 읽기

시계를 보고 시각을 읽어 보세요.

시계	시각 읽기	시계	시각 읽기
	7시 **30**분 일곱시 삼십분		☐시 ☐분 열시 삼십분
	8 시 30 분 여덟시 삼십분		☐시 ☐분 열한시 ☐분
	☐시 ☐분 아홉시 삼십분		☐시 ☐분 열두시 ☐분

궁금해요! 긴바늘이 6을 가리키면 왜 30분이라고 읽나요?

긴바늘이 가리키는 작은 눈금 한 칸은 1분을 나타내고, 12와 6 사이에는 작은 눈금 30칸이 있어요. 그래서 긴바늘이 6을 가리키면 30분이라고 읽어요.

38쪽에서 자세히 배울 거예요.

시계의 짧은바늘이 두 숫자 사이에 있으면 지나온 숫자를 읽어야 해요.
짧은바늘이 12와 1 사이에 있으면 지나온 숫자인 12에 '시'를 붙여 읽어요.

시계를 보고 시각을 읽어 보세요.

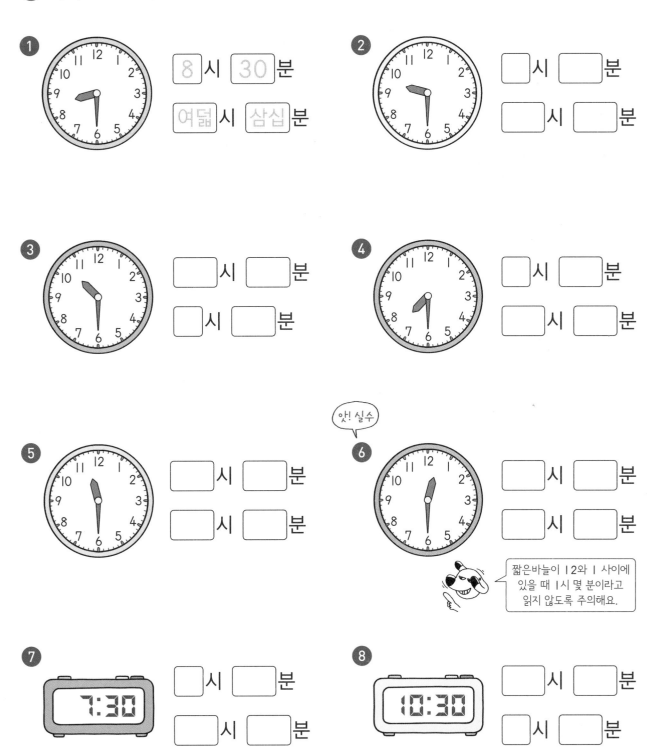

① 8 시 30 분 / 여덟 시 삼십 분

② ☐시 ☐분 / ☐시 ☐분

③ ☐시 ☐분 / ☐시 ☐분

④ ☐시 ☐분 / ☐시 ☐분

⑤ ☐시 ☐분 / ☐시 ☐분

⑥ 앗! 실수 ☐시 ☐분 / ☐시 ☐분

짧은바늘이 12와 1 사이에 있을 때 1시 몇 분이라고 읽지 않도록 주의해요.

⑦ 7:30 ☐시 ☐분 / ☐시 ☐분

⑧ 10:30 ☐시 ☐분 / ☐시 ☐분

19

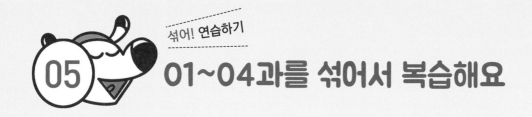

01~04과를 섞어서 복습해요

🕐 시각을 바르게 읽은 것을 찾아 ◯표 하세요.

①

⟨5시⟩

12시

②

7시

8시

③

2시 30분

3시 30분

④

6시 9분

9시 30분

⑤

한시

열두시

⑥

넷시

네시

⑦

여덟시 삼십분

아홉시 삼십분

⑧

다섯시 육분

다섯시 삼십분

몇 시를 나타낼 때는 긴바늘은 12, 짧은바늘은 숫자를 가리키게 그려 넣어요.
몇 시 30분을 나타낼 때는 긴바늘은 6, 짧은바늘은 숫자와 숫자 사이의
한가운데를 가리키게 그려 넣으면 돼요.

🕐 디지털시계의 시각에 맞게 시곗바늘을 그려 넣으세요.

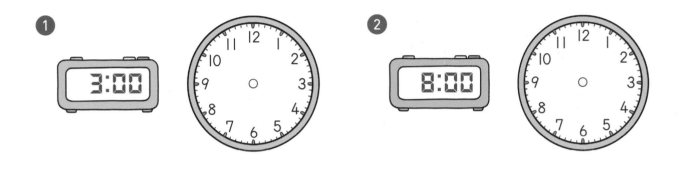

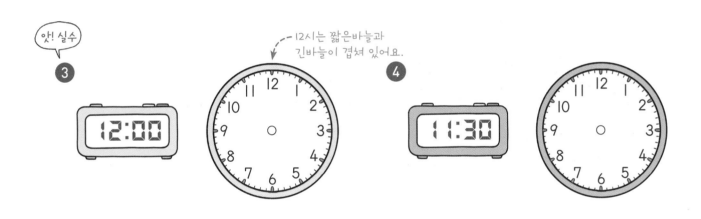

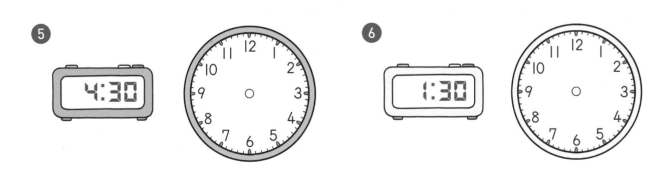

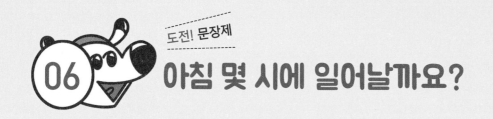
🕐 시계를 보고 ☐ 안에 알맞은 수를 써넣으세요.

❶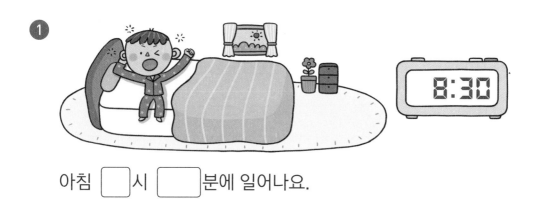

아침 ☐ 시 ☐ 분에 일어나요.

❷

체육 수업은 ☐ 시에 시작해요.

❸

햄버거 가게는 ☐ 시 ☐ 분에 문을 닫아요.

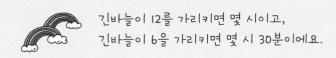 긴바늘이 12를 가리키면 몇 시이고,
긴바늘이 6을 가리키면 몇 시 30분이에요.

☻ 문장을 읽고 시각에 맞게 시곗바늘을 그려 넣으세요.

❶ 학교 수업은 2시에 끝나요.

❷ 집에서 피아노 학원으로 4시에 출발해요.

❸ 친구와 5시 30분에 만나기로 약속했어요.

❹ 비행기는 7시 30분에 공항에 도착해요.

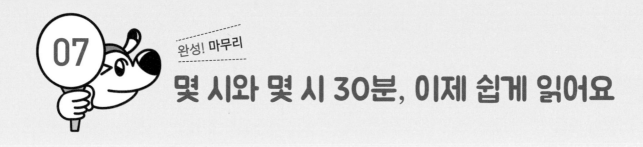
🕐 시계의 규칙에 따라 시곗바늘을 그려 넣으세요.

1

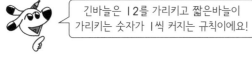

긴바늘은 12를 가리키고 짧은바늘이
가리키는 숫자가 1씩 커지는 규칙이에요!

2

3

시각을 바르게 읽은 길을 찾아 따라가 보세요.

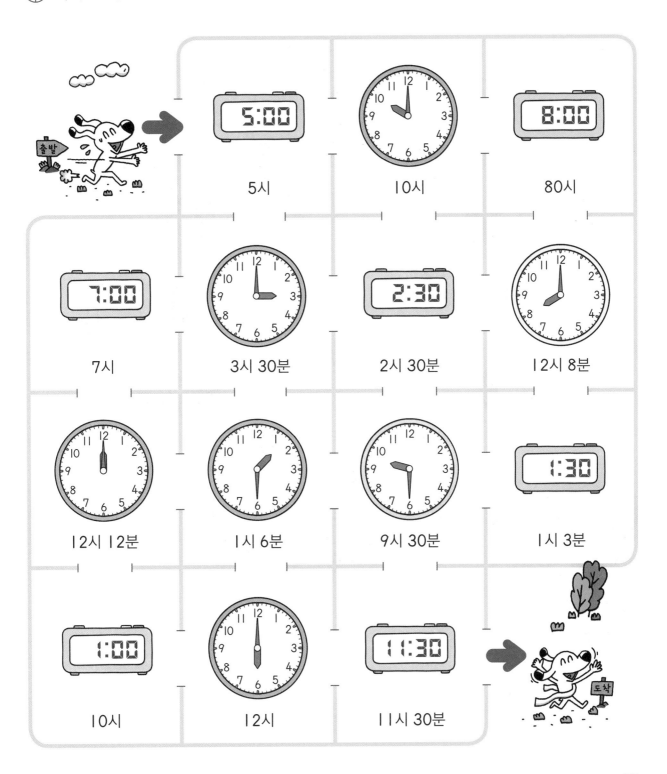

5시

10시

80시

7시

3시 30분

2시 30분

12시 8분

12시 12분

1시 6분

9시 30분

1시 3분

10시

12시

11시 30분

08 5씩 뛰어 세기로 몇 분인지 읽어요

5분 단위로 시계 읽기

🕐 시계에서 각각의 숫자가 몇 분을 나타내는지 알아보세요.

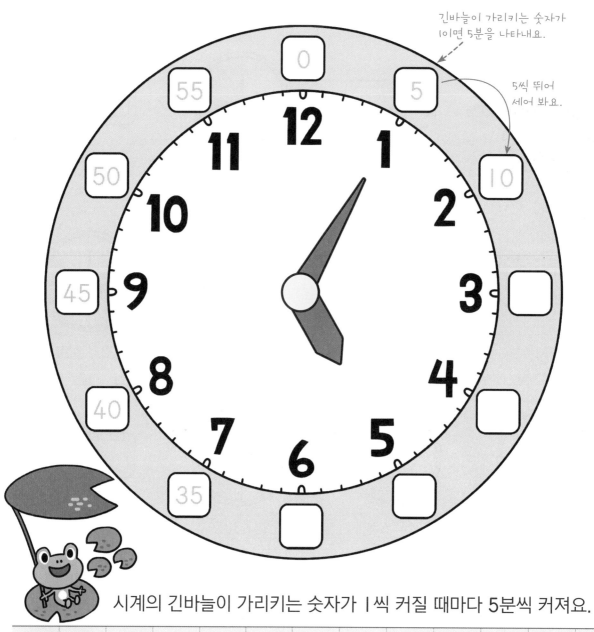

긴바늘이 가리키는 숫자가 1이면 5분을 나타내요.

5씩 뛰어 세어 봐요.

시계의 긴바늘이 가리키는 숫자가 1씩 커질 때마다 5분씩 커져요.

숫자	1	2	3	4	5	6	7	8	9	10	11	12
분	5	10	15							50	55	0

+5 +5 +5 +5 +5 +5 +5 +5 +5 +5

정각을 나타내요.

5분 단위의 시각 읽기는 5씩 뛰어 세기를 하거나
곱셈구구(구구단)에 익숙하다면 5의 단 곱셈구구를 이용하면 좋아요.
5—10—15—20—25—30—35—40—45—50—55

🕐 시계에서 각각의 숫자가 몇 분을 나타내는지 써넣으세요.

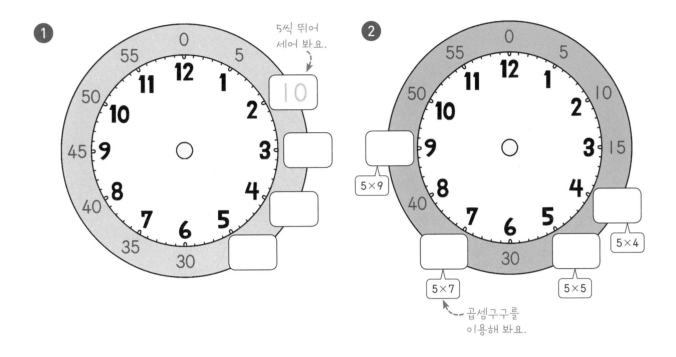

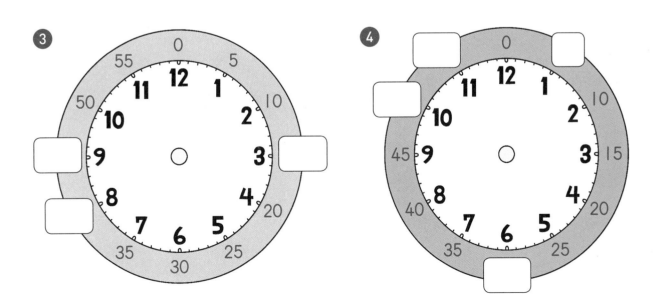

27

5분부터 30분까지 시계를 읽어요
5분 단위로 시계 읽기

🕐 시계를 보고 시각을 읽어 보세요.

시계	시각 읽기	시계	시각 읽기
(시계 그림)	2시 5분 ┗ 두시 오분 ┛	(시계 그림)	☐시 ☐분
(시계 그림)	2 시 10 분	(시계 그림)	☐시 ☐분
(시계 그림)	☐시 ☐분	(시계 그림)	☐시 ☐분

잠깐! 퀴즈
긴바늘이 가리키는 숫자가 1 이면 (1분 , 5분)을 나타냅니다.

정답 5분

긴바늘이 가리키는 숫자가 1이면 5분, 2이면 10분, 3이면 15분,
4이면 20분, 5이면 25분, 6이면 30분을 나타내요.

🕐 시계를 보고 시각을 읽어 보세요.

❶  　3 시 5 분

❷  　☐ 시 ☐ 분

❸  　☐ 시 ☐ 분

❹  　☐ 시 ☐ 분

❺  　☐ 시 ☐ 분

❻  　☐ 시 ☐ 분

❼  　☐ 시 ☐ 분

❽  　☐ 시 ☐ 분

🕐 시계를 보고 시각을 읽어 보세요.

> 2시에서 3시에 가까워질수록
> 짧은바늘이 3에 가까워져요.

시계	시각 읽기	시계	시각 읽기
	2시 35분		☐시 ☐분
	☐시 ☐분		☐시 ☐분
	☐시 ☐분		3시

 잠깐! 퀴즈

긴바늘이 가리키는 숫자가 1씩 커질 때마다 (1분 , 5분)씩 커집니다.

정답 5분

시계의 긴바늘이 가리키는 숫자가 1씩 커질 때마다 5분씩 커져요.

숫자	1	2	3	4	5	6	7	8	9	10	11	12
분	5	10	15	20	25	30	35	40	45	50	55	0

+5 +5 +5 +5 +5 +5 +5 +5 +5 +5

시계를 보고 시각을 읽어 보세요.

❶  　 3 시 40 분

❷  　 1 시 □ 분

❸  　 □ 시 □ 분

❹  　 □ 시 □ 분

❺  　 □ 시 □ 분

앗! 실수

❻  　 □ 시 □ 분

짧은바늘이 8에 가깝지만
8을 지나지 않았어요.

❼  　 □ 시 □ 분

❽  　 □ 시 □ 분

11 08~10과를 섞어서 복습해요

🕐 몇 시 몇 분일까요? 시계를 보고 시각을 읽어 보세요.

1

(   )

2

(   )

3

(   )

4

(   )

5

(   )

6

(   )

7

(   )

8
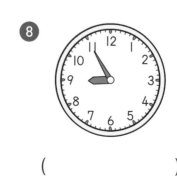

(   )

1시 25분일 때 짧은바늘은 1과 2 사이에 있어요.
5부터 5씩 뛰어 세면 5—10—15—20—25이므로
긴바늘은 25분을 나타내는 숫자인 5를 가리키게 그리면 돼요.

⏱ 주어진 시각에 맞게 긴바늘을 그려 넣으세요.

❶ 1시 25분

❷ 3시 10분

❸ 2시 35분

❹ 8시 15분

❺ 9시 45분

❻ 11시 50분

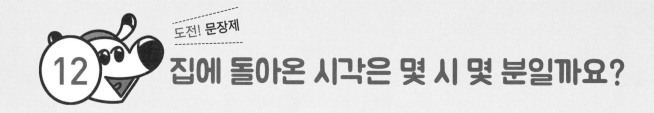

집에 돌아온 시각은 몇 시 몇 분일까요?

도전! 문장제

시계를 보고 ☐ 안에 알맞은 수를 써넣으세요.

❶

수업을 마치고 집에 돌아온 시각은 ☐시 ☐분이에요.

❷

산책을 마치고 집에 돌아온 시각은 ☐시 ☐분이에요.

❸

음식이 배달 온 시각은 ☐시 ☐분이에요.

2시 5분일 때 짧은바늘은 2와 3 사이에 있고,
긴바늘은 1을 가리키도록 그려야 해요.

🕐 문장을 읽고 시각에 맞게 긴바늘을 그려 넣으세요.

❶ 할머니 댁에 도착한 시각은 2시 5분이에요.

❷ 기차는 9시 20분에 출발해요.

❸ 이모는 우리집에 3시 55분에 오셨어요.

❹ 나는 학교 숙제를 4시 40분에 끝냈어요.

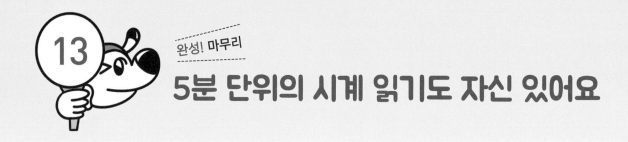

13 완성! 마무리
5분 단위의 시계 읽기도 자신 있어요

🕐 시계의 규칙에 따라 시곗바늘을 그려 넣으세요.

1
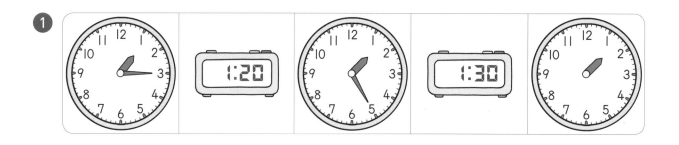

2
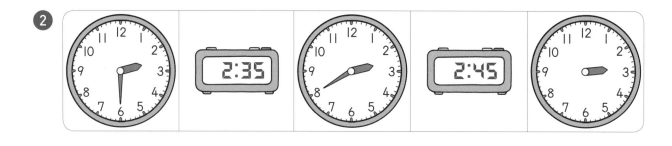

3

36

⏱ 지금 시각은 5시입니다. 5분마다 알람이 울릴 때 알람이 울리는 시계를 찾아 길을
따라가 보세요.

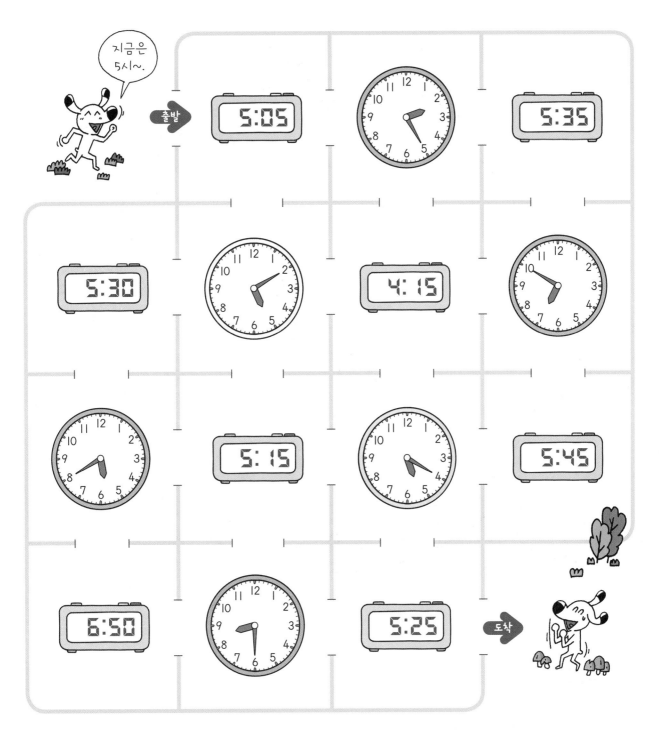

⏱️ ↓가 가리키는 작은 눈금이 몇 분을 나타내는지 써넣으세요.

긴바늘이 가리키는 작은 눈금
한 칸은 1분을 나타내요.

 잠깐! 퀴즈

긴바늘이 가리키는 작은 눈금 한 칸은 (1분 , 5분)을 나타냅니다.

곰1   **곰**곰

38

시계의 긴바늘이 가리키는 작은 눈금 한 칸은 1분을 나타내고,
작은 눈금 2칸은 2분, 3칸은 3분…을 나타내요.

🕐 시계를 보고 시각을 읽어 보세요.

1

$\boxed{6}$ 시 $\boxed{12}$ 분

긴바늘이 2에서 작은 눈금 2칸만큼
더 간 곳을 가리키므로 12분이에요.

2

$\boxed{}$ 시 $\boxed{}$ 분

긴바늘이 9에서 작은 눈금 3칸만큼
더 간 곳을 가리키므로 48분이에요.

3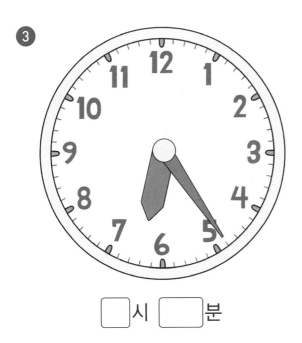

$\boxed{}$ 시 $\boxed{}$ 분

4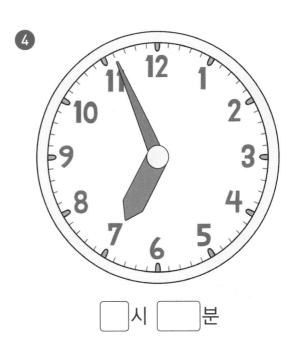

$\boxed{}$ 시 $\boxed{}$ 분

15 몇 시 몇 분일까요?

몇 시 몇 분 시계 읽기

🕐 시계를 보고 시각을 읽어 보세요.

시계	시각 읽기	시계	시각 읽기
(시계)	1시 14분 [10분에서 4칸 더 간 시각]	(시계)	☐시 ☐분
(시계)	1시 18분	(시계)	☐시 ☐분
(시계)	☐시 ☐분	(시계)	☐시 ☐분

잠깐! 퀴즈
긴바늘이 2에서 작은 눈금 3칸만큼 더 간 곳을 가리키면 (5분 , 13분)을 나타냅니다.

정답 13분

40

1분 단위를 읽을 때는 긴바늘이 지나온 가장 가까운 숫자에서
작은 눈금 몇 칸만큼 더 갔는지 세면 돼요.
11분은 긴바늘이 2에서 작은 눈금 1칸만큼 더 간 곳을 가리켜요.

🕐 시계를 보고 시각을 읽어 보세요.

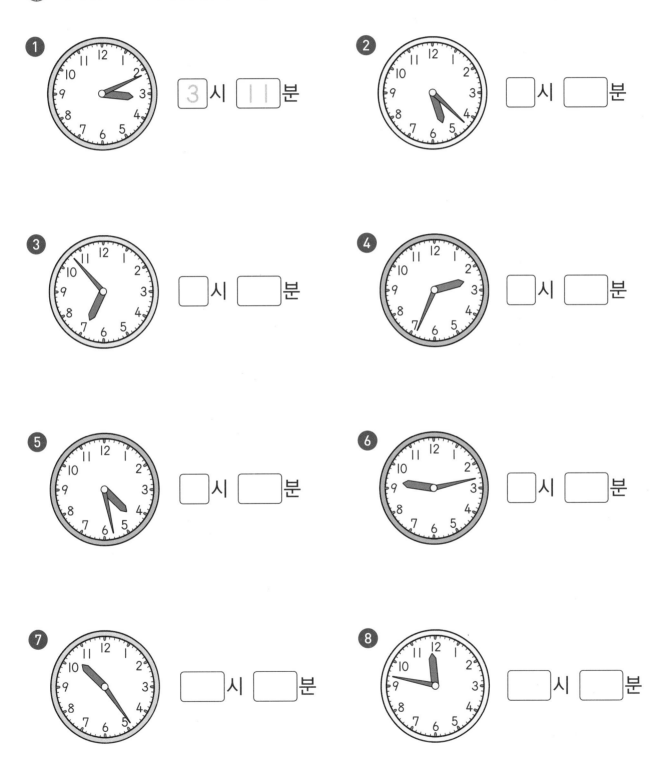

❶ ⃞3⃞ 시 ⃞11⃞ 분

❷ ⃞ 시 ⃞ 분

❸ ⃞ 시 ⃞ 분

❹ ⃞ 시 ⃞ 분

❺ ⃞ 시 ⃞ 분

❻ ⃞ 시 ⃞ 분

❼ ⃞ 시 ⃞ 분

❽ ⃞ 시 ⃞ 분

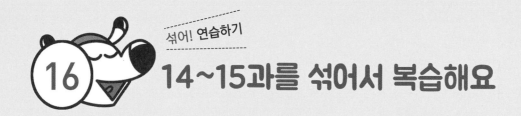
🕐 시각을 바르게 읽은 것을 찾아 ○표 하세요.

1
4시 8분

4시 13분

2
7시 4분

8시 4분

3
2시 26분

2시 51분

4
1시 52분

12시 52분

5
5시 43분

5시 37분

6
9시 18분

9시 33분

7
4시 39분

8시 25분

8
3시 51분

4시 51분

디지털시계에서 : 앞의 숫자는 '시'를 나타내고, : 뒤의 숫자는 '분'을 나타내요.

3:07 ➡ 3시 7분   **3:51** ➡ 3시 51분

🕐 같은 시각을 나타내는 것끼리 이어 보세요.

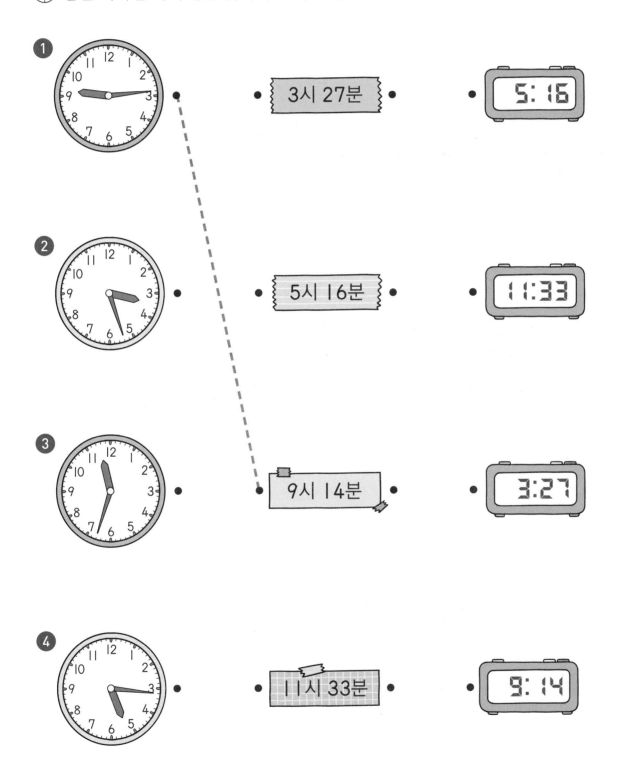

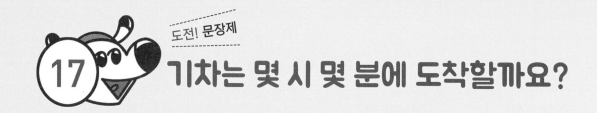

17 기차는 몇 시 몇 분에 도착할까요?

🕐 시계를 보고 ☐ 안에 알맞은 수를 써넣으세요.

❶

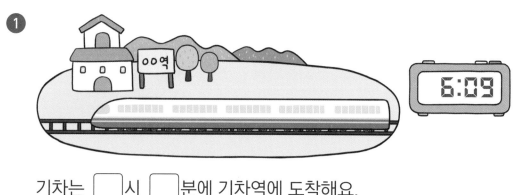

기차는 ☐시 ☐분에 기차역에 도착해요.

❷

여객선은 ☐시 ☐분에 여객선 터미널을 출발해요.

❸

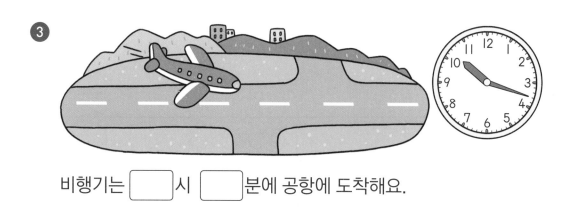

비행기는 ☐시 ☐분에 공항에 도착해요.

6시 28분일 때 짧은바늘은 6과 7 사이에 있고,
긴바늘은 5에서 작은 눈금 3칸만큼 더 간 곳을 가리키도록 그려 넣어요.

🕐 문장에서 나타내는 시각에 맞게 긴바늘을 그려 넣고, 시각을 읽어 보세요.

❶ 시계의 짧은바늘이 5와 6 사이에 있고, 긴바늘이 2에서
작은 눈금 3칸만큼 더 간 곳을 가리키고 있어요.

☐시 ☐분

❷ 시계의 짧은바늘이 7과 8 사이에 있고, 긴바늘이 3에서
작은 눈금 4칸만큼 더 간 곳을 가리키고 있어요.

☐시 ☐분

❸ 시계의 짧은바늘이 12와 1 사이에 있고, 긴바늘이 5에
서 작은 눈금 2칸만큼 더 간 곳을 가리키고 있어요.

☐시 ☐분

❹ 시계의 짧은바늘이 3과 4 사이에 있고, 긴바늘이 8에서
작은 눈금 1칸만큼 더 간 곳을 가리키고 있어요.

☐시 ☐분

완성! 마무리

몇 시 몇 분인지 정확하게 읽을 수 있어요

🕐 주어진 시각에 맞게 고장난 시계를 바르게 고쳐 나타내어 보세요.

①

4시 6분

고장난 시계

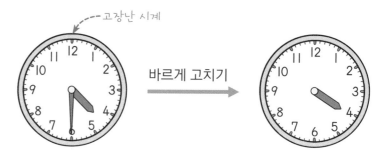

바르게 고치기

②

8시 12분

바르게 고치기

③

11시 38분

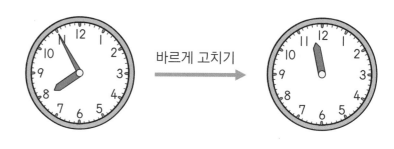

바르게 고치기

④

2시 54분

바르게 고치기

다음은 동물원의 먹이 체험 시각을 나타낸 것입니다. 알맞은 시계를 찾아 번호를 써 보세요.

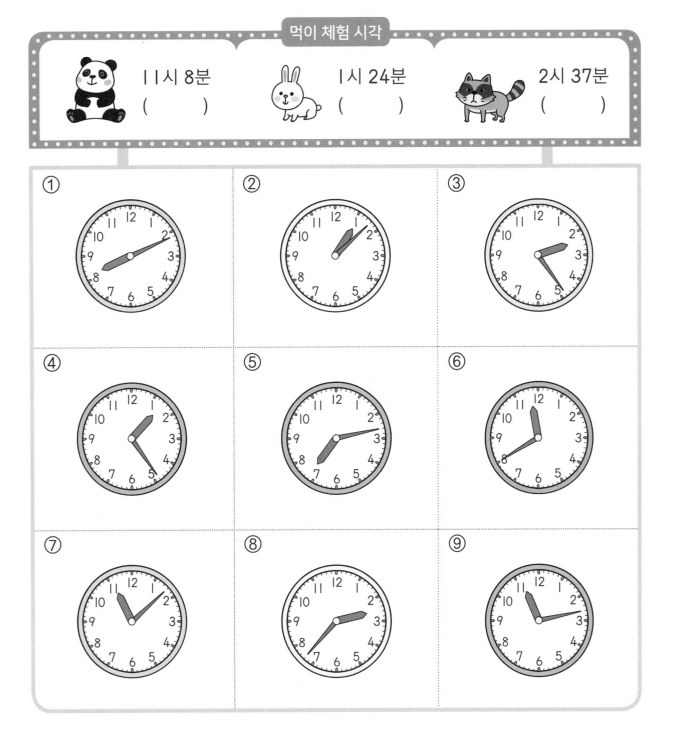

먹이 체험 시각

11시 8분 ( )   1시 24분 ( )   2시 37분 ( )

① ② ③
④ ⑤ ⑥
⑦ ⑧ ⑨

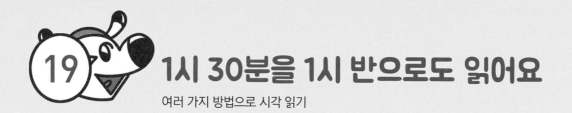

1시 30분을 1시 반으로도 읽어요

여러 가지 방법으로 시각 읽기

⏰ 시계를 보고 시각을 두 가지 방법으로 읽어 보세요.

시계	시각 읽기	시계	시각 읽기
(시계: 1시 30분)	1시 30분 1시 반	(시계: 6시 30분)	6시 30분 6시 ☐
(시계: 2시 30분)	2시 30분 2시 반	(시계: 9시 30분)	9시 30분 ☐시 ☐
(시계: 3시 30분)	3시 30분 3시 ☐	(시계: 12시 30분)	12시 ☐분 ☐시 ☐

🧩 **잠깐! 퀴즈**

'2시 30분'을 다른 방법으로 읽으면 (2시 반 , 3시 반)입니다.

정답 2시 반

48

시계의 긴바늘이 6을 가리키면 한 바퀴 중 반을 간 것이므로
'몇 시 30분'을 '몇 시 반'이라고 읽기도 해요.
1시 30분을 1시 반, 2시 30분을 2시 반이라고 읽을 수 있어요.

⊘ 시계를 보고 시각을 두 가지 방법으로 읽어 보세요.

1  ☐4☐ 시 ☐30☐ 분
☐4☐ 시 반

2 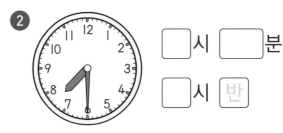 ☐ 시 ☐ 분
☐ 시 반

3  ☐ 시 ☐ 분
☐ 시 ☐

4  ☐ 시 ☐ 분
☐ 시 ☐

5  ☐ 시 ☐ 분
☐ 시 ☐

6  ☐ 시 ☐ 분
☐ 시 ☐

🕐 시계를 보고 시각을 두 가지 방법으로 읽어 보세요.

몇 시 몇 분 전이라고도 읽을 수 있어요.

시계	시각 읽기	시계	시각 읽기
	1시 55분 2시 5분 전		5시 55분 6시 ☐분 전
2시가 되려면 5분이 더 지나야 해요.			
	2시 55분 3시 5분 전		8시 55분 9시 ☐분 전
	3시 55분 4시 ☐분 전		11시 55분 12시 ☐분 전

❓ **궁금해요!** 시계 방향은 어떤 방향으로 움직이는 것일까요?

시계 방향은 시곗바늘이 돌아가는 방향(↻)으로 움직이는 것을 말하고,
시계 반대 방향은 시계 방향과 반대 방향(↺)으로 움직이는 것을 말해요.

시계 반대 방향   시계 방향

시계의 긴바늘이 12에서 시계 반대 방향으로
작은 눈금 5칸만큼 간 곳을 가리키면 5분 전이에요.

⏱ 시계를 보고 시각을 두 가지 방법으로 읽어 보세요.

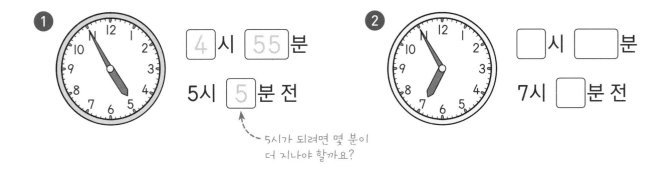

① 4시 55분

5시 5분 전

↗ 5시가 되려면 몇 분이
더 지나야 할까요?

② ☐시 ☐분

7시 ☐분 전

③ ☐시 ☐분

☐시 ☐분 전

④ ☐시 ☐분

☐시 ☐분 전

앗! 실수

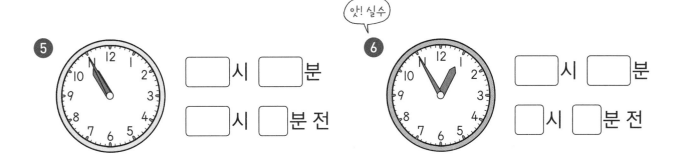

⑤ ☐시 ☐분

☐시 ☐분 전

⑥ ☐시 ☐분

☐시 ☐분 전

21 시각을 두 가지 방법으로 읽어 봐요

여러 가지 방법으로 시각 읽기

🕐 시계를 보고 시각을 두 가지 방법으로 읽어 보세요.

시계	시각 읽기	시계	시각 읽기
	2시 50분 3시 10분 전		2시 45분 3시 15분 전
3시가 되려면 10분이 더 지나야 해요.		3시가 되려면 15분이 더 지나야 해요.	
	5시 50분 6시 10 분 전		5시 45분 6시 □분 전
	7시 50분 8시 □분 전		7시 45분 8시 □분 전

 잠깐! 퀴즈

'1시 50분'을 다른 방법으로 읽으면 (1시 10분 전 , 2시 10분 전)입니다.

정답 2시 10분 전

시계의 긴바늘이 12에서 시계 반대 방향으로 작은 눈금 10칸만큼 간 곳을 가리키면 10분 전이고, 15칸만큼 간 곳을 가리키면 15분 전이에요.

🕐 시계를 보고 시각을 두 가지 방법으로 읽어 보세요.

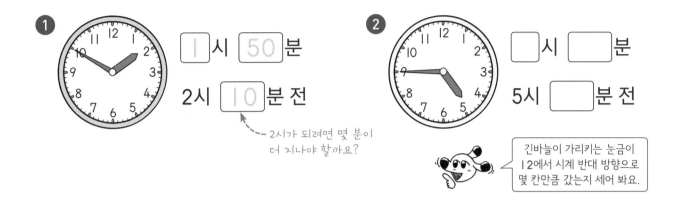

1 ☐1 시 ☐50 분

2시 ☐10 분 전

2시가 되려면 몇 분이
더 지나야 할까요?

2 ☐ 시 ☐ 분

5시 ☐ 분 전

긴바늘이 가리키는 눈금이
12에서 시계 반대 방향으로
몇 칸만큼 갔는지 세어 봐요.

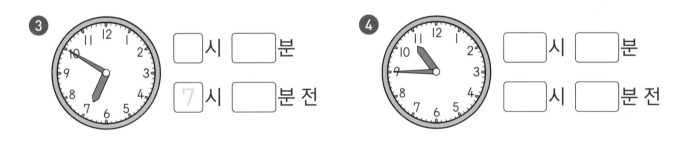

3 ☐ 시 ☐ 분

☐7 시 ☐ 분 전

4 ☐ 시 ☐ 분

☐ 시 ☐ 분 전

5 ☐ 시 ☐ 분

☐ 시 ☐ 분 전

6 ☐ 시 ☐ 분

☐ 시 ☐ 분 전

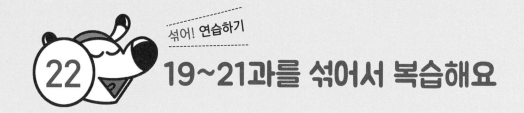

🕐 시계를 보고 시각을 두 가지 방법으로 읽어 보세요.

❶  □시 □분
□시 반

❷ 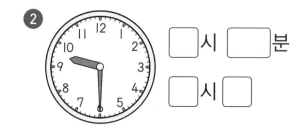 □시 □분
□시 □

❸  □시 □분
□시 □분 전

❹ 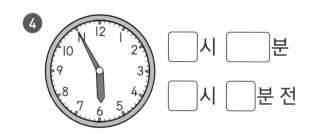 □시 □분
□시 □분 전

❺ 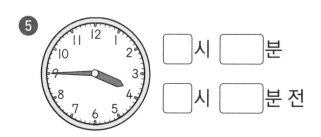 □시 □분
□시 □분 전

❻ 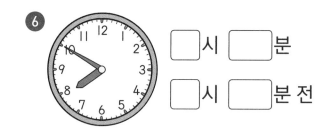 □시 □분
□시 □분 전

❼  □시 □분
□시 □분 전

❽ 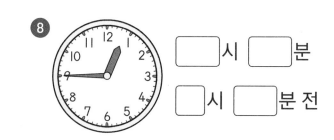 □시 □분
□시 □분 전

'몇 시 ■분 전'은 시계의 긴바늘이 12에서 시계 반대 방향으로
작은 눈금 ■칸만큼 간 곳을 가리켜요.

주어진 시각에 맞게 긴바늘을 그려 넣고, 시각을 다른 방법으로 읽어 보세요.

❶ 2시 5분 전

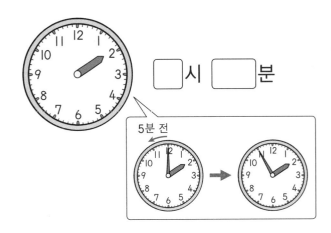 ☐시 ☐분

❷ 4시 10분 전

 ☐시 ☐분

❸ 7시 15분 전

 ☐시 ☐분

❹ 12시 10분 전

 ☐시 ☐분

❺ 9시 5분 전

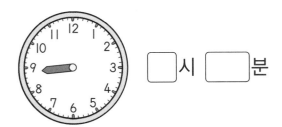 ☐시 ☐분

❻ 11시 15분 전

 ☐시 ☐분

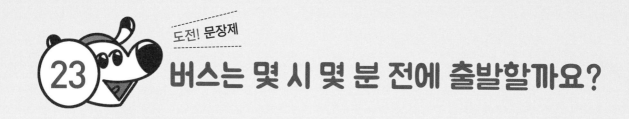

23 버스는 몇 시 몇 분 전에 출발할까요?

🕐 시계를 보고 ☐ 안에 알맞은 수를 써넣으세요.

❶

버스는 5시 ☐ 분 전에 출발해요.

❷

카페는 ☐ 시 ☐ 분 전에 영업을 시작해요.

❸

숙제를 ☐ 시 ☐ 분 전까지 끝내야 해요.

2시 55분은 3시가 되려면 5분이 더 지나야 하므로 3시 5분 전이고,
2시 50분은 3시가 되려면 10분이 더 지나야 하므로 3시 10분 전이에요.

◷ ☐ 안에 알맞은 수나 말을 써넣으세요.

❶ 2시 30분을 2시 ☐으로도 읽을 수 있어요.

❷ 5시 30분을 ☐시 ☐으로도 읽을 수 있어요.

❸ 8시 55분은 9시 ☐분 전이에요.

9시가 되려면 몇 분이
더 지나야 할까요?

❹ 11시 45분은 ☐시 ☐분 전이에요.

❺ 6시 10분 전은 5시 ☐분이에요.

❻ 10시 15분 전은 ☐시 ☐분이에요.

❼ 12시 5분 전은 ☐시 ☐분이에요.

여러 가지 방법으로 시각 읽기도 자신 있어요

🕑 두 시각을 보고 물음에 답해 보세요.

1 더 일찍 일어난 친구는?

연우   시영

8시 10분   8시 10분 전

(   )

2 더 일찍 집에 온 친구는?

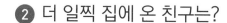

유준   윤서

2시 50분   3시 15분 전

(   )

3 더 먼저 끝난 수업은?

체육   음악

9시 40분   10시 15분 전

(   )

4 더 먼저 시작한 공연은?

영화   연극

6시 반   6시 40분

(   )

5 더 늦게 끝난 운동 경기는?

축구   야구

12시 15분 전   11시 50분

(   )

6 더 늦게 도착한 교통 기관은?

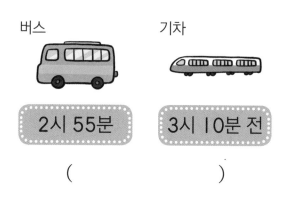

버스   기차

2시 55분   3시 10분 전

(   )

58

⌚ 6시와 8시 사이에 있는 시각을 모두 찾아 ◯표 하세요.

	5시 5분 전		8시 15분 전
6시 반		8시 5분 전	
	5시 15분 전		8시 반
6시 10분 전			7시 15분 전

25 초바늘이 가리키는 작은 눈금 한 칸은 1초예요

몇 시 몇 분 몇 초 시계 읽기

🕐 초바늘을 보고 몇 초인지 읽어 보세요.

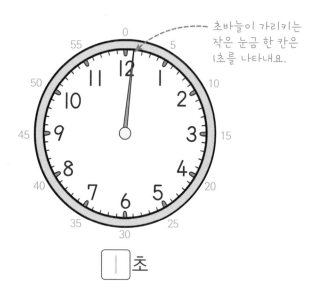

초바늘이 가리키는
작은 눈금 한 칸은
1초를 나타내요.

| 1 |초

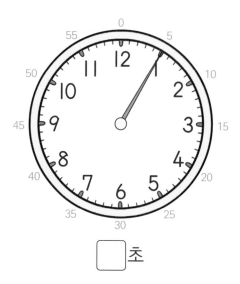

| |초

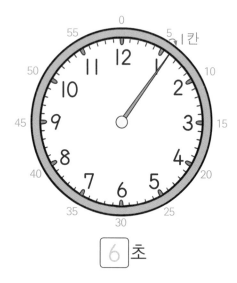

| 6 |초

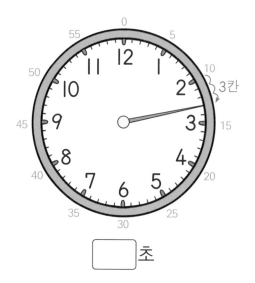

| |초

잠깐! 퀴즈

시계의 초바늘이 가리키는 숫자가 1이면 (1초 , 5초)를 나타냅니다.

정답 5초

60

시계의 초바늘이 가리키는 숫자가 1씩 커질 때마다 5초씩 커져요.
1초 단위를 읽을 때는 초바늘이 지나온 가장 가까운 숫자에서
작은 눈금 몇 칸만큼 더 갔는지 세면 돼요.

🕐 초바늘을 보고 몇 초인지 읽어 보세요.

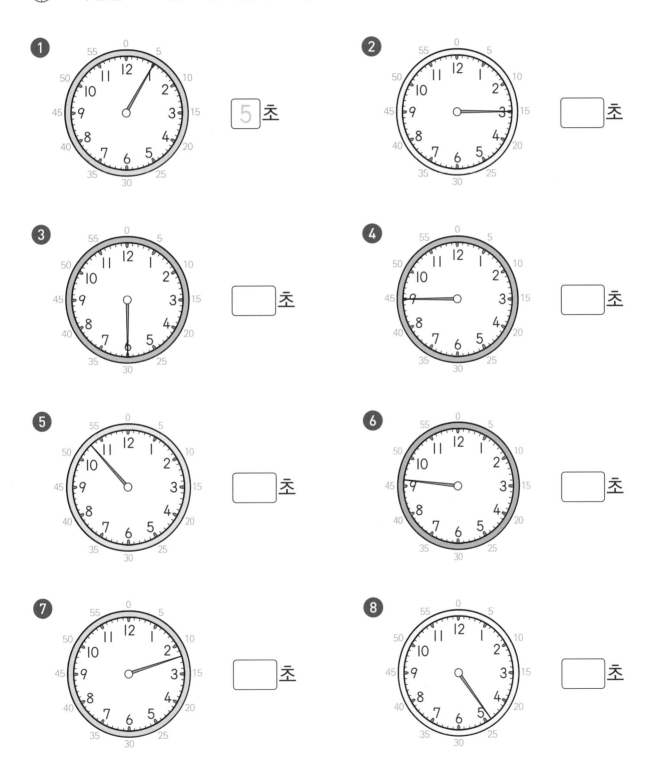

① ⃞ 5 ⃞ 초

② ⃞ 초

③ ⃞ 초

④ ⃞ 초

⑤ ⃞ 초

⑥ ⃞ 초

⑦ ⃞ 초

⑧ ⃞ 초

26 시, 분, 초 순으로 시각을 읽어요

몇 시 몇 분 몇 초 시계 읽기

⏱ 시계를 보고 시각을 읽어 보세요.

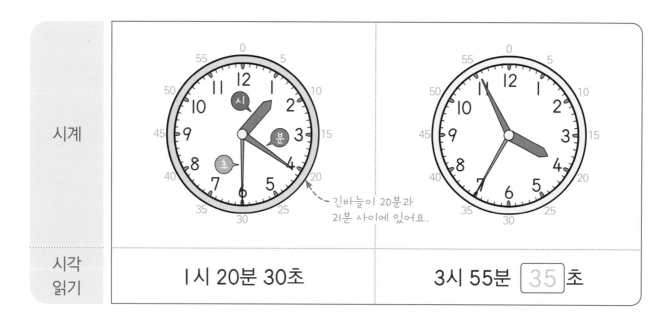

시계		
		긴바늘이 20분과 21분 사이에 있어요.
시각 읽기	I시 20분 30초	3시 55분 35 초

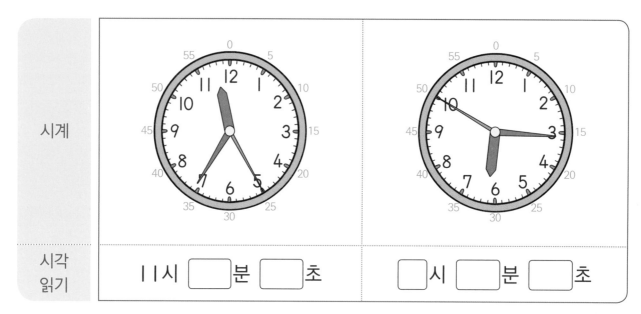

시계		
시각 읽기	II시 ☐분 ☐초	☐시 ☐분 ☐초

시계의 초바늘이 가리키는 숫자가 1씩 커질 때마다 5초씩 커져요.

숫자	1	2	3	4	5	6	7	8	9	10	11	12
초	5	10	15	20	25	30	35	40	45	50	55	0

+5 +5 +5 +5 +5 +5 +5 +5 +5 +5 +5

🕐 시계를 보고 시각을 읽어 보세요.

❶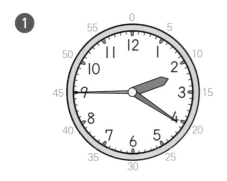

2시 20분 ☐ 초

❷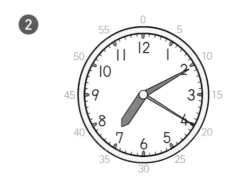

7시 │10│분 ☐ 초

❸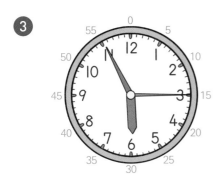

5시 ☐ 분 ☐ 초

앗! 실수

❹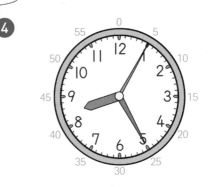

8시 ☐ 분 ☐ 초

❺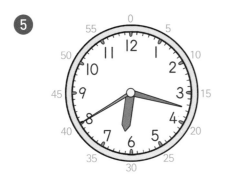

☐ 시 ☐ 분 ☐ 초

❻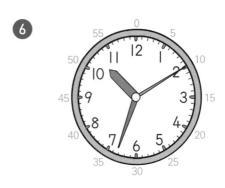

☐ 시 ☐ 분 ☐ 초

63

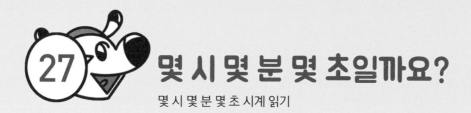

27 몇 시 몇 분 몇 초일까요?

몇 시 몇 분 몇 초 시계 읽기

🕐 시계를 보고 시각을 읽어 보세요.

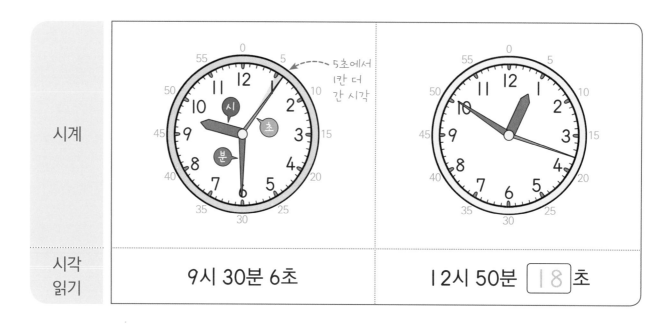

시계	
시각 읽기	9시 30분 6초	12시 50분 18초

시계	
시각 읽기	8시 □분 □초	□시 □분 □초

 잠깐! 퀴즈

초바늘이 1에서 작은 눈금 3칸만큼 더 간 곳을 가리키면 (4초 , 8초)를 나타냅니다.

정답 8초

64

초바늘이 가리키는 숫자가 1이면 5초이고 1에서 작은 눈금 2칸만큼 더 가면 7초예요.
이처럼 초바늘을 읽을 때는 초바늘이 지나온 가장 가까운 숫자에서
작은 눈금 몇 칸만큼 더 갔는지 세면 돼요.

시계를 보고 시각을 읽어 보세요.

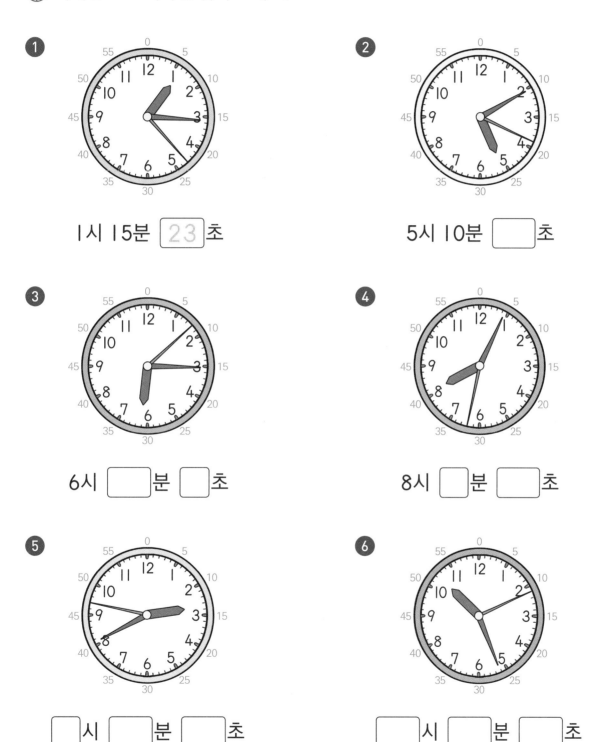

❶ 1시 15분 [23]초

❷ 5시 10분 [ ]초

❸ 6시 [ ]분 [ ]초

❹ 8시 [ ]분 [ ]초

❺ [ ]시 [ ]분 [ ]초

❻ [ ]시 [ ]분 [ ]초

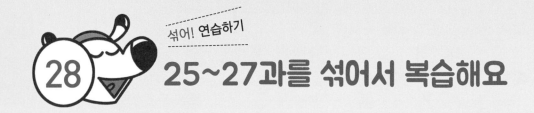
시각을 바르게 읽은 것을 찾아 ○표 하세요.

1

4시 35분 50초

4시 50분 35초

2

2시 23분 30초

4시 30분 10초

3

1시 10분 30초

6시 10분 5초

4

10시 15분 36초

10시 36분 15초

5

2시 29분 40초

2시 40분 29초

6

7시 50분 3초

7시 25분 3초

초 단위까지 시각을 읽을 때는 '시 → 분 → 초'의 순서대로 읽어요.

🕑 시계를 보고 시각을 읽어 보세요.

1

☐시 ☐분 ☐초

2

☐시 ☐분 ☐초

3

☐시 ☐분 ☐초

4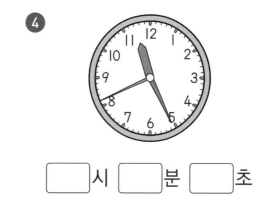

☐시 ☐분 ☐초

5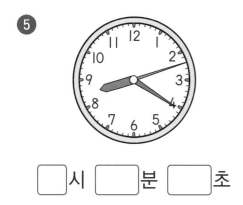

☐시 ☐분 ☐초

6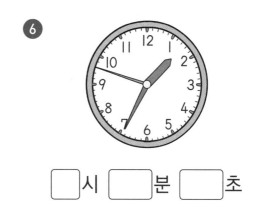

☐시 ☐분 ☐초

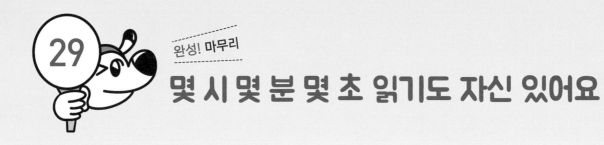

몇 시 몇 분 몇 초 읽기도 자신 있어요

⏱ 시계의 규칙에 따라 초바늘을 그려 넣으세요.

1

2

3

⏱ 고장난 시계를 모두 찾아 ◯표 하세요.

고장난 시계는 모두 5개예요.

11시 50분	1시 10분 55초	9시 8분
4시 30분 40초	9시 10분 전	6시 20분 25초
4시 25분 30초	11시 7분	10시 55분 5초

9:80

9:10

둘째 마당

시간과 달력

빠독이를 따라
이상한 시계 나라를
탈출해 보아요.

오늘 공부한
단계를 색칠해
보세요!

나의 공부 계획

단원별로 공부한 날짜를 써 보세요!

30~34과 ㅣ 시간과 분 사이의 관계	시작 :	월	일
	끝 :	월	일
35~38과 ㅣ 분과 초 사이의 관계	시작 :	월	일
	끝 :	월	일
39~43과 ㅣ 걸린 시간 구하기	시작 :	월	일
	끝 :	월	일
44~49과 ㅣ 하루 알아보기	시작 :	월	일
	끝 :	월	일
50~54과 ㅣ 달력 알아보기	시작 :	월	일
	끝 :	월	일
55~58과 ㅣ 1년 알아보기	시작 :	월	일
	끝 :	월	일

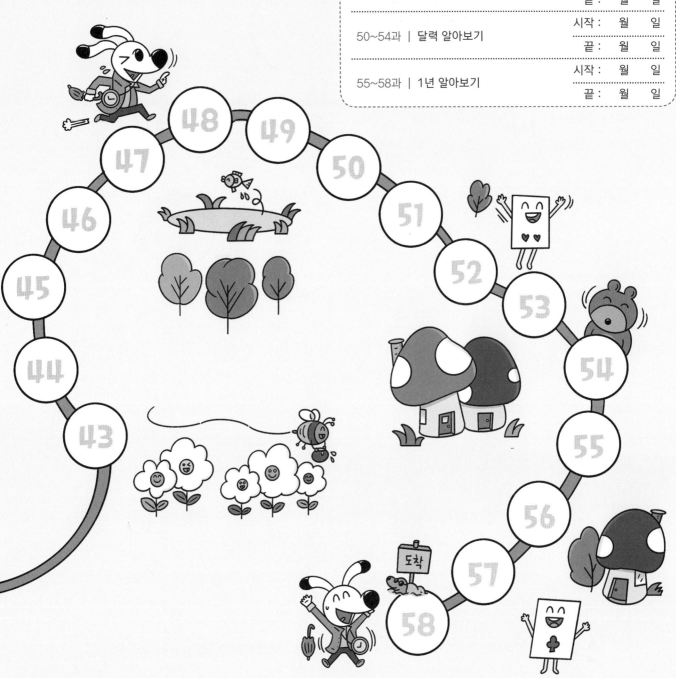

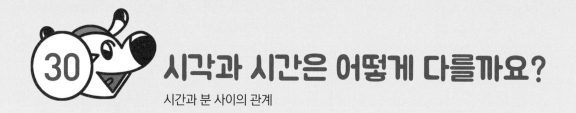

30 시각과 시간은 어떻게 다를까요?
시간과 분 사이의 관계

🕐 시각과 시간 중 알맞은 말을 써넣으세요.

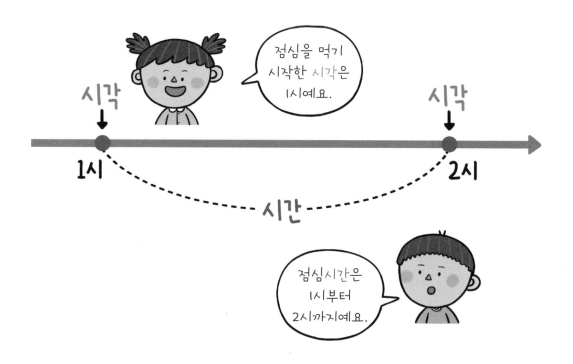

점심을 먹기 시작한 시각은 1시예요.

점심시간은 1시부터 2시까지예요.

⭐ 어느 한 때를 나타내는 말은 시각입니다.

⭐ 시각과 시각 사이를 나타내는 말은 시간입니다.

⭐ "지금은 몇 시일까요?"는 시각을 묻는 말입니다.

⭐ "점심시간은 몇 시간 동안일까요?"는 시간을 묻는 말입니다.

 잠깐! 퀴즈
"지금은 1시 30분이야."는 (시각 , 시간)을 묻는 말에 답하는 말입니다.

정답 시각

72

보통 "지금 시간이 몇 시야?"라고 묻는데 이는 잘못된 표현이에요.
'지금'은 말하는 바로 그때를 나타내므로 시각을 묻는 말이에요.
따라서 "지금 시각이 몇 시야?"가 정확한 표현이에요.

🕐 문장을 읽고 알맞은 말에 ◯표 하세요.

❶ 지금 ((시각) , 시간)은 10시 20분이에요.

❷ 영화가 시작한 (시각 , 시간)은 3시예요.

❸ 농구를 한 (시각 , 시간) 동안 했어요.

❹ 기차가 역을 출발한 (시각 , 시간)은 10시 30분이에요.

❺ 비행기가 공항에 도착한 (시각 , 시간)은 11시예요.

❻ 피아노를 4시부터 6시까지 두 (시각 , 시간)동안 연습했어요.

❼ 할머니 댁에 가는 데 걸린 (시각 , 시간)은 2시간이에요.

앗! 실수

❽ 해가 떠오르기 시작한 (시각 , 시간)은 5시 43분이에요.

╌╌ 해가 떠오르기 시작한 순간은 어떤 특정한 때예요.

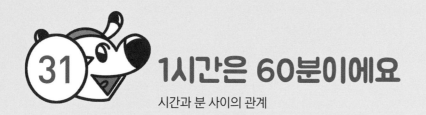

31 1시간은 60분이에요
시간과 분 사이의 관계

🕐 시계를 보고 1시간이 몇 분인지 알아보세요.

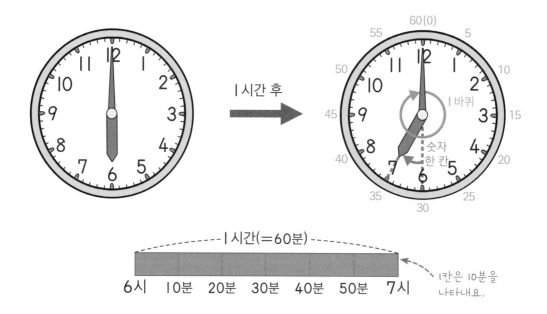

⭐ 긴바늘이 한 바퀴 도는 데 걸린 시간은 60 분입니다.

⭐ 긴바늘이 한 바퀴 도는 동안 짧은바늘은 숫자 눈금 1 칸을 움직입니다.

⭐ 짧은바늘이 6에서 7로 움직이는 데 걸린 시간은 1 시간입니다.

⭐ 1시간은 60 분입니다.

잠깐! 퀴즈

1시간은 (10분 , 60분)입니다. 60분은 (1시간 , 6시간)입니다.

정답 60분, 1시간

74

1시간은 60분이므로 1시간씩 커질수록 60분씩 커져요.
곱셈구구(구구단)에 익숙하다면 6의 단 곱셈구구를 이용해도 좋아요.
60×2=120, 60×3=180, 60×4=240, 60×5=300

◯ ☐ 안에 알맞은 수를 써넣으세요.

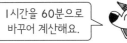

1시간을 60분으로
바꾸어 계산해요.

❶ 1시간= 60 분

❷ 2시간=☐분
⤶ 1시간+1시간=60분+60분

❸ 3시간=☐분
⤶ 1시간+1시간+1시간=60분+60분+60분

❹ 4시간=☐분

❺ 5시간=☐분

❻ 6시간=☐분

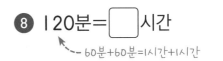
60분을 1시간으로
바꾸어 계산해요.

❼ 60분= 1 시간

❽ 120분=☐시간
⤶ 60분+60분=1시간+1시간

❾ 240분=☐시간

❿ 300분=☐시간

⓫ 360분=☐시간

⓬ 420분=☐시간

75

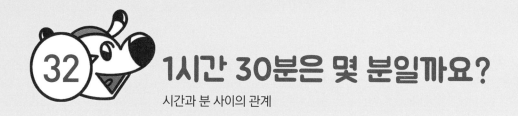

32 1시간 30분은 몇 분일까요?

시간과 분 사이의 관계

🕐 시계를 보고 ☐ 안에 알맞은 수를 써넣으세요.

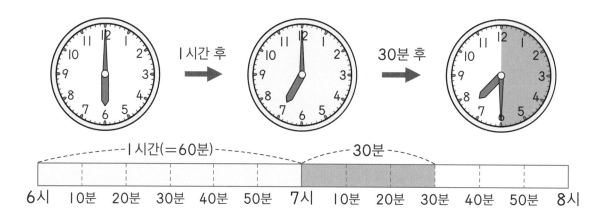

⭐ 1시간 30분＝1시간＋30분＝60분＋30분이므로 ☐90☐ 분입니다.

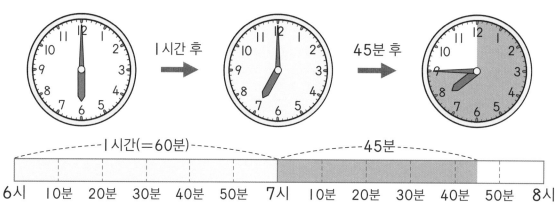

⭐ 1시간 45분＝1시간＋45분＝60분＋45분이므로 ☐☐ 분입니다.

잠깐! 퀴즈

1시간보다 30분이 더 걸린 시간은 (90분 , 130분)입니다.

곱06 름쟁

76

1시간 5분은 1시간보다 5분이 더 걸린 시간이므로
1시간을 60분으로 바꾸어 더하면 65분이에요.
65분은 <u>60분</u>보다 5분이 더 걸린 시간이므로 1시간 5분이에요.
<u>1시간</u>

🕐 ☐ 안에 알맞은 수를 써넣으세요.

❶ 1시간 5분= $\boxed{1}$ 시간＋5분

= $\boxed{60}$ 분＋5분

= $\boxed{}$ 분

❷ 1시간 20분= $\boxed{}$ 시간＋ $\boxed{}$ 분

= $\boxed{}$ 분＋ $\boxed{}$ 분

= $\boxed{}$ 분

❸ 1시간 40분= $\boxed{}$ 분

❹ 2시간 10분= $\boxed{}$ 분

❺ 2시간 30분= $\boxed{}$ 분

❻ 3시간 5분= $\boxed{}$ 분

❼ 65분= $\boxed{60}$ 분＋5분

    60 5

= $\boxed{1}$ 시간＋5분

= $\boxed{1}$ 시간 $\boxed{}$ 분

❽ 80분= $\boxed{}$ 분＋20분

= $\boxed{}$ 시간＋ $\boxed{}$ 분

= $\boxed{}$ 시간 $\boxed{}$ 분

❾ 100분= $\boxed{}$ 시간 $\boxed{}$ 분

❿ 140분= $\boxed{}$ 시간 $\boxed{}$ 분

         ←── 140분=60분＋60분＋20분
                 1시간 1시간

30~32과를 섞어서 복습해요

⏱ ☐ 안에 알맞은 수를 써넣으세요.

❶ 2시간= $\boxed{120}$ 분

❷ 4시간= ☐ 분

❸ 3시간= ☐ 분

❹ 5시간= ☐ 분

❺ 1시간 30분= ☐ 분

❻ 1시간 50분= ☐ 분

❼ 2시간 15분= ☐ 분

❽ 2시간 40분= ☐ 분

❾ 3시간 10분= ☐ 분

❿ 3시간 30분= ☐ 분

⓫ 4시간 5분= ☐ 분

⓬ 5시간 20분= ☐ 분

1시간은 60분이므로 2시간은 1시간+1시간=60분+60분=120분,
3시간은 1시간+1시간+1시간=60분+60분+60분=180분…이에요.
1시간씩 커질수록 60분씩 커져요.

🕐 ☐ 안에 알맞은 수를 써넣으세요.

1 120분=[2]시간

2 180분=☐시간

3 300분=☐시간

4 240분=☐시간

5 70분=☐시간 ☐분

6 100분=☐시간 ☐분

7 140분=☐시간 ☐분

8 200분=☐시간 ☐분

9 145분=☐시간 ☐분

10 165분=☐시간 ☐분

11 215분=☐시간 ☐분

12 250분=☐시간 ☐분

시간과 분 사이의 관계를 정확히 알아요

🕐 ☐ 안에 알맞은 수를 써넣으세요.

❶ 2시간 = ☐ 분

❷ 180분 = ☐ 시간

❸ 5시간 = ☐ 분

❹ 360분 = ☐ 시간

❺ 1시간 15분 = ☐ 분

❻ 90분 = ☐ 시간 ☐ 분

❼ 2시간 5분 = ☐ 분

❽ 105분 = ☐ 시간 ☐ 분

❾ 2시간 30분 = ☐ 분

❿ 170분 = ☐ 시간 ☐ 분

⓫ 3시간 30분 = ☐ 분

⓬ 230분 = ☐ 시간 ☐ 분

시각과 시간을 바르게 표현한 동물을 모두 찾아 ◯표 하세요.

잠을 깬 시각은 새벽 5시야.

하늘을 1시각 동안 날았어.

지금 시간은 몇 시야?

땅을 파기 시작한 시간은 3시 10분이야.

지금 시각은 5시야.

낮잠을 2시각 동안 잤어.

밥을 먹는 데 걸린 시간은 20분이야.

들판을 달린 시각은 2시부터 3시까지야.

물속에 들어간 시간은 5시야.

1분은 60초예요

분과 초 사이의 관계

🕐 시계를 보고 I분은 몇 초인지 알아보세요.

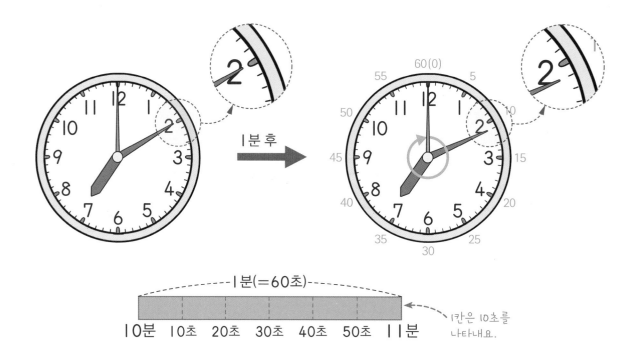

1분 후

─ I분(=60초) ─

| 0분 | 10초 | 20초 | 30초 | 40초 | 50초 | 1분 |

I칸은 10초를 나타내요.

⭐ 초바늘이 한 바퀴 도는 데 걸린 시간은 [60]초입니다.

⭐ 초바늘이 한 바퀴 도는 동안 긴바늘은 작은 눈금 [1]칸을 움직입니다.

⭐ 긴바늘이 작은 눈금 한 칸을 움직이는 데 걸린 시간은 [1]분입니다.

⭐ I분은 [60]초입니다.

잠깐! 퀴즈

I분은 (10초 , 60초)입니다. 60초는 (I분 , 6분)입니다.

곰1 '초09 **昌**

82

1분=60초를 이용하면 분 단위를 초 단위로,
초 단위를 분 단위로 바꿀 수 있어요.
곱셈구구(구구단)에 익숙하다면 6의 단 곱셈구구를 이용해도 좋아요.

□ 안에 알맞은 수를 써넣으세요.

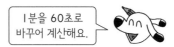

1분을 60초로
바꾸어 계산해요.

❶ 1분 = $\boxed{60}$ 초

❷ 3분 = □ 초

1분+1분+1분=60초+60초+60초

❸ 4분 = □ 초

❹ 5분 = □ 초

❺ 6분 = □ 초

❻ 8분 = □ 초

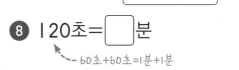

60초를 1분으로
바꾸어 계산해요.

❼ 60초 = $\boxed{1}$ 분

❽ 120초 = □ 분

60초+60초=1분+1분

❾ 180초 = □ 분

❿ 300초 = □ 분

⓫ 240초 = □ 분

⓬ 420초 = □ 분

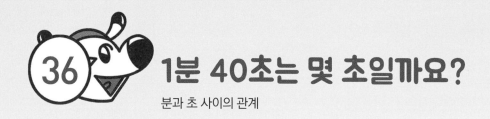

36 1분 40초는 몇 초일까요?

분과 초 사이의 관계

🕐 시계를 보고 ☐ 안에 알맞은 수를 써넣으세요.

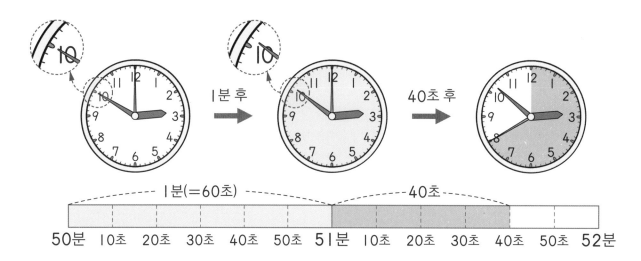

⭐ 1분 40초=60초+40초이므로 ☐100☐ 초입니다.

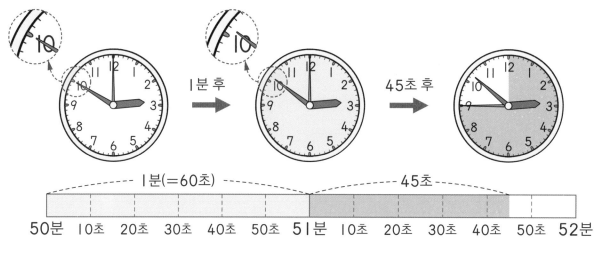

⭐ 1분 45초=60초+45초이므로 ☐ 초입니다.

잠깐! 퀴즈

1분보다 40초가 더 걸린 시간은 (100초 , 140초)입니다.

정답 100초

84

1분=60초를 이용하면 1분 5초를 몇 초로, 65초를 몇 분 몇 초로 나타낼 수 있어요.
➡ 1분 5초=1분+5초=60초+5초=65초
➡ 65초=60초+5초=1분+5초=1분 5초

🕐 □ 안에 알맞은 수를 써넣으세요.

❶ 1분 5초=☐1☐분+5초
   =☐60☐초+5초
   =☐☐초

❷ 1분 30초=☐분+30초
   =☐초+30초
   =☐초

❸ 1분 50초=☐초

❹ 2분 40초=☐초
   1분+1분+40초
   60초 60초

❺ 3분 10초=☐초

❻ 4분 20초=☐초

❼ 70초=☐60☐초+10초
   60 10
   =☐1☐분+10초
   =☐분☐초

❽ 90초=☐초+30초
   =☐분+☐초
   =☐분☐초

❾ 105초=☐분☐초

앗! 실수
❿ 200초=☐분☐초
   60초+60초+60초+20초
   1분 1분 1분

37 **35~36과를 섞어서 복습해요**

🕐 ☐ 안에 알맞은 수를 써넣으세요.

1 2분＝ 120 초

2 4분＝ ☐ 초

3 5분＝ ☐ 초

4 7분＝ ☐ 초

5 1분 10초＝ ☐ 초

6 1분 30초＝ ☐ 초

7 1분 50초＝ ☐ 초

8 2분 20초＝ ☐ 초

9 2분 40초＝ ☐ 초

10 3분 10초＝ ☐ 초

11 3분 25초＝ ☐ 초

12 4분 5초＝ ☐ 초

1분은 60초이므로 2분은 1분+1분=60초+60초=120초,
3분은 1분+1분+1분=60초+60초+60초=180초…예요.
1분씩 커질수록 60초씩 커져요.

🕐 ☐ 안에 알맞은 수를 써넣으세요.

❶ 180초= 3 분

❷ 300초= ☐ 분

❸ 360초= ☐ 분

❹ 420초= ☐ 분

❺ 80초= ☐ 분 ☐ 초

❻ 100초= ☐ 분 ☐ 초

❼ 150초= ☐ 분 ☐ 초

❽ 170초= ☐ 분 ☐ 초

❾ 200초= ☐ 분 ☐ 초

❿ 215초= ☐ 분 ☐ 초

⓫ 250초= ☐ 분 ☐ 초

⓬ 280초= ☐ 분 ☐ 초

분과 초 사이의 관계를 정확히 알아요

🕐 ☐ 안에 알맞은 수를 써넣으세요.

❶ 3분 = ☐ 초

❷ 240초 = ☐ 분

❸ 6분 = ☐ 초

❹ 480초 = ☐ 분

❺ 1분 30초 = ☐ 초

❻ 130초 = ☐ 분 ☐ 초

❼ 1분 50초 = ☐ 초

❽ 150초 = ☐ 분 ☐ 초

❾ 2분 15초 = ☐ 초

❿ 170초 = ☐ 분 ☐ 초

⓫ 3분 20초 = ☐ 초

⓬ 205초 = ☐ 분 ☐ 초

시간이 같은 것끼리 묶어 보세요.

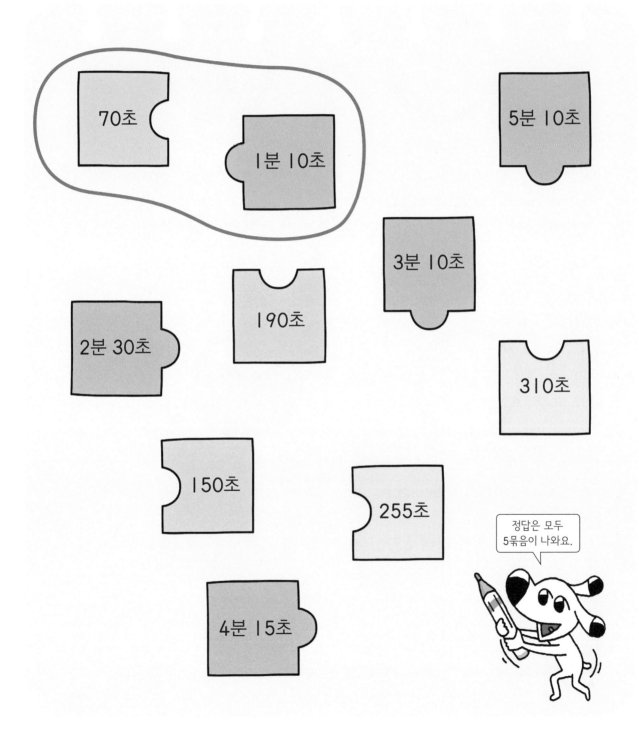

70초

1분 10초

5분 10초

3분 10초

190초

2분 30초

310초

150초

255초

정답은 모두
5묶음이 나와요.

4분 15초

🕐 시간 띠를 이용하여 시간이 얼마나 흘렀는지 알아보세요.

> 시간 띠에서 색칠한 칸 수를 세면
> 흘러간 시간을 알 수 있어요.

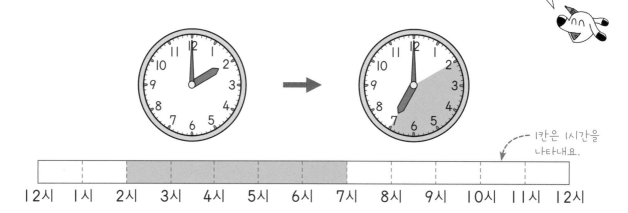

1칸은 1시간을 나타내요.

⭐ 시간 띠에서 색칠한 칸이 5칸이므로 흘러간 시간은 5 시간입니다.

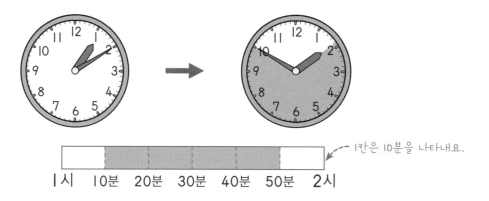

1칸은 10분을 나타내요.

⭐ 시간 띠에서 색칠한 칸이 4칸이므로 흘러간 시간은 40 분입니다.

잠깐! 퀴즈

시간 띠 한 칸이 10분을 나타낼 때 색칠한 칸이 5칸이면 (5분 , 50분)입니다.

정답 50분

90

흘러간 시간을 구할 때 시간 띠를 이용하면 좋아요.
시간 띠에서 시작한 시각과 끝난 시각을 찾아 표시하고, 그 사이를 색칠해 보세요.
색칠한 칸 수를 세면 흘러간 시간을 알 수 있어요.

🕐 두 시계를 보고 시간이 얼마나 흘렀는지 시간 띠에 나타내어 구해 보세요.

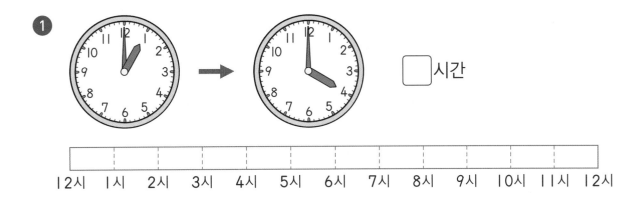

❶ □시간

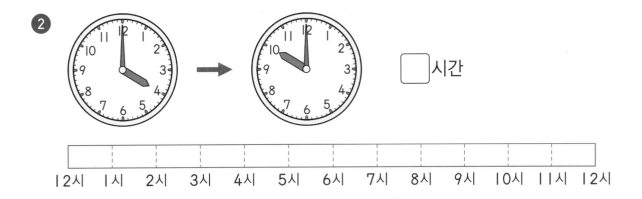

❷ □시간

❸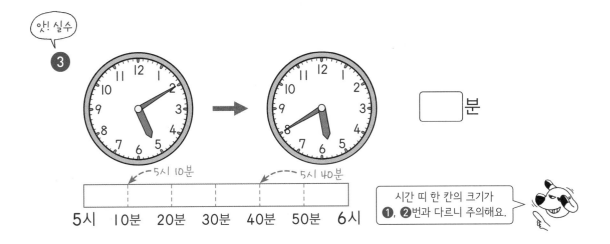

□분

시간 띠 한 칸의 크기가
❶, ❷번과 다르니 주의해요.

🕐 시간 띠를 이용하여 시간이 얼마나 흘렀는지 알아보세요.

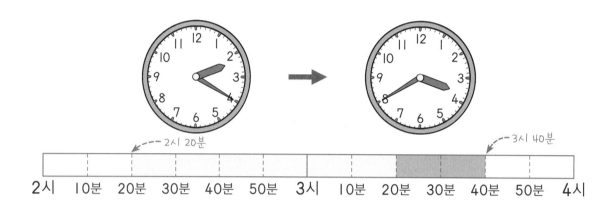

⭐ 시간 띠에서 색칠한 칸이 8칸이므로 흘러간 시간은

☐ 분 = ☐ 시간 ☐ 분입니다.

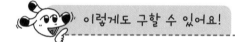 이렇게도 구할 수 있어요!

⭐ 2시 20분부터 3시 20분까지 ☐ 시간이 흘렀습니다.

⭐ 3시 20분부터 3시 40분까지 ☐ 분이 흘렀습니다.

⭐ 2시 20분부터 3시 40분까지 흘러간 시간은 ☐ 시간 20 분입니다.

6시 10분에서 7시 20분 사이의 시간을 구할 때

6시 10분 —1시간 후→ 7시 10분 —10분 후→ 7시 20분으로 나누어

1시간+10분=1시간 10분으로 구할 수도 있어요.

🕐 두 시계를 보고 시간이 얼마나 흘렀는지 시간 띠에 나타내어 구해 보세요.

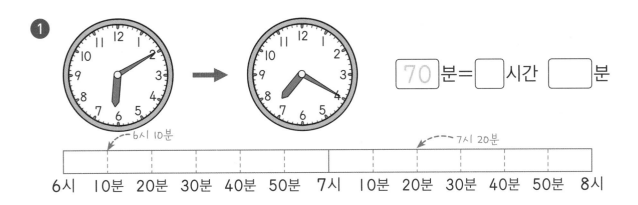

1 70 분= ☐ 시간 ☐ 분

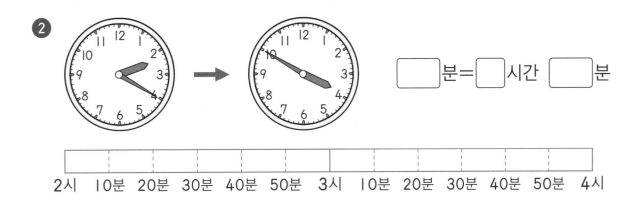

2 ☐ 분= ☐ 시간 ☐ 분

앗! 실수

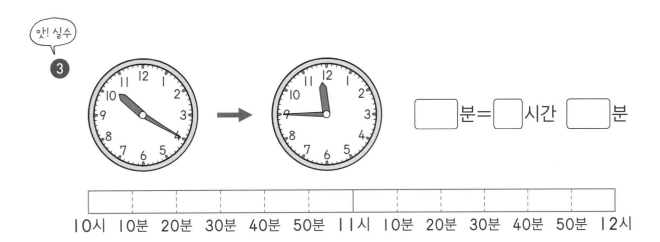

3 ☐ 분= ☐ 시간 ☐ 분

93

🕐 두 시계를 보고 시간이 얼마나 흘렀는지 구해 보세요.

① [6] 시간

> I 시에서 7시까지 흘러간 시간은 짧은바늘이 숫자 눈금 몇 칸을 움직였는지 세어 알 수 있어요.

② [ ] 시간

③ [ ] 시간

④ [ ] 시간

⑤ [20] 분

> 시각의 '시'가 같을 때 몇 분이 흘렀는지 구하려면 긴바늘이 움직인 숫자 눈금을 5씩 뛰어 세어요.

⑥ [ ] 분

94

5시 10분에서 6시 20분까지 흘러간 시간은
5시 10분에서 6시 10분까지 ➡ 1시간,
6시 10분에서 6시 20분까지 ➡ 10분이므로 모두 1시간 10분이에요.

🕐 두 시계를 보고 시간이 얼마나 흘렀는지 구해 보세요.

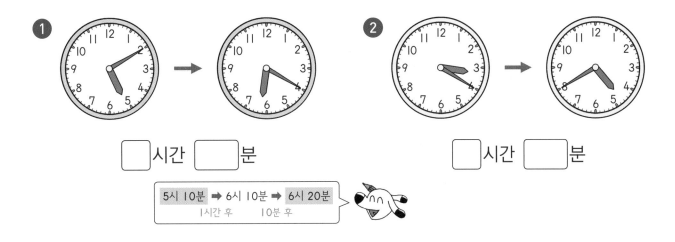

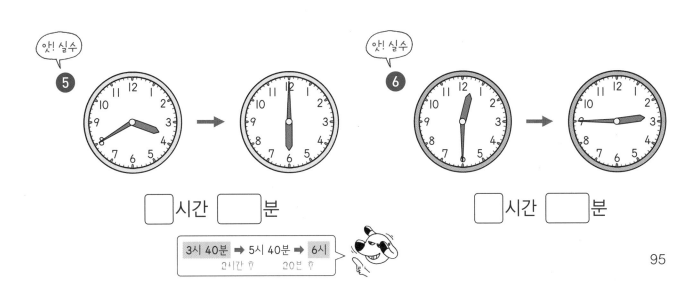

42 기차가 가는 데 걸린 시간은 얼마일까요?

기차가 출발역에서 도착역까지 가는 데 걸린 시간을 구해 보세요.

1

기차가 서울역에서 대전역까지 가는 데 걸린 시간은 ☐시간이에요.

2
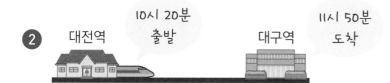

기차가 대전역에서 대구역까지 가는 데 걸린 시간은 ☐시간 ☐분이에요.

3

기차가 서울역에서 대구역까지 가는 데 걸린 시간은 ☐시간 ☐분이에요.

4

기차가 서울역에서 부산역까지 가는 데 걸린 시간은 ☐시간 ☐분이에요.

긴바늘이 가리키는 숫자가 1씩 커지면 5분씩 커져요.

5―10―15―20―25―30―35―40이므로 11시에서 40분이 흘렀다면

긴바늘은 12에서 숫자 눈금 8칸만큼 움직여요.

🕐 문장을 읽고 끝난 시각에 맞게 긴바늘을 그려 넣으세요.

❶ 11시에 시작한 국어 수업이 40분 후에 끝났어요.

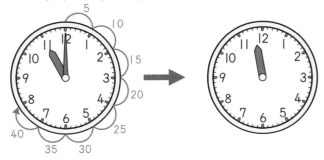

❷ 수학 공부를 2시 20분에 시작하여 35분 동안 했어요.

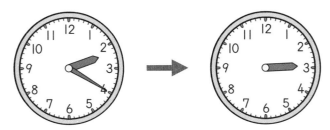

❸ 10시 10분에 시작한 영화를 1시간 20분 동안 관람했어요.

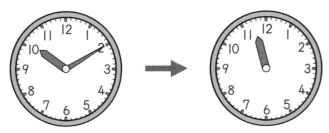

❹ 축구 경기가 3시 20분에 시작하여 1시간 30분 후에 끝났어요.

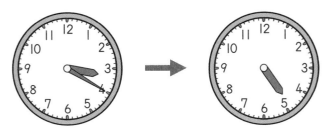

완성! 마무리

걸린 시간도 쉽게 구할 수 있어요

🕐 두 시계를 보고 시간이 얼마나 흘렀는지 구해 보세요.

① ☐시간

② ☐분

③ ☐시간 ☐분

④ ☐시간 ☐분

⑤ ☐시간 ☐분

⑥ ☐시간 ☐분

98

🕐 가장 오랫동안 운동한 사람은 누구인지 찾아 써 보세요.

할아버지

시작한 시각: 3시
끝낸 시각: 4시

할머니

시작한 시각: 3시 30분
끝낸 시각: 4시 30분

아빠

시작한 시각: 2시
끝낸 시각: 3시 20분

엄마

시작한 시각: 2시 30분
끝낸 시각: 3시 30분

누가 가장
오랫동안
운동했을까요?

삼촌

시작한 시각: 2시
끝낸 시각: 3시 50분

이모

시작한 시각: 4시
끝낸 시각: 4시 50분

나

시작한 시각: 2시 10분
끝낸 시각: 3시 20분

동생

시작한 시각: 2시
끝낸 시각: 2시 30분

가장 오랫동안 운동한 사람: _____

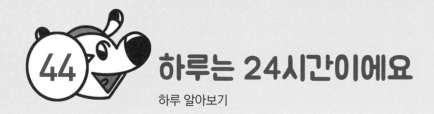

🕐 하루 시간표를 보고 하루는 몇 시간인지 알아보세요.

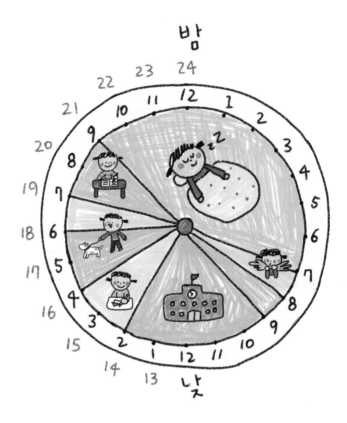

⭐ 하루 시간표에서 숫자 눈금은 1 시간마다 있습니다.

⭐ 하루 시간표에서 숫자 눈금은 모두 24 개입니다.

⭐ 하루는 24 시간입니다.

잠깐! 퀴즈

하루는 (12시간 , 24시간)입니다. 24시간은 (1일 , 24일)입니다.

정답 24시간, 1일

100

하루는 24시간이므로 1일씩 커질수록 24시간씩 커져요.

2일=1일+1일=24시간+24시간=48시간,

3일=1일+1일+1일=24시간+24시간+24시간=72시간이에요.

◔ ☐ 안에 알맞은 수를 써넣으세요.

1일을 24시간으로
바꾸어 계산해요.

❶ 1일= 24 시간

❷ 2일=☐시간

‑‑‑ 1일+1일=24시간+24시간

❸ 3일=☐시간

❹ 4일=☐시간

❺ 1일 3시간=☐시간

‑‑‑ 1일+3시간=24시간+3시간

❻ 1일 6시간=☐시간

❼ 2일 6시간=☐시간

❽ 2일 13시간=☐시간

❾ 28시간= 24 시간+4시간

24   4   = ☐일 ☐시간

❿ 32시간=☐시간+8시간

= ☐일 ☐시간

⓫ 35시간=☐일 ☐시간

⓬ 40시간=☐일 ☐시간

101

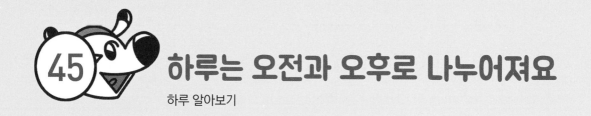

45 하루는 오전과 오후로 나누어져요

하루 알아보기

🕐 하루 시간표를 보고 하루 중 오전과 오후를 알아보세요.

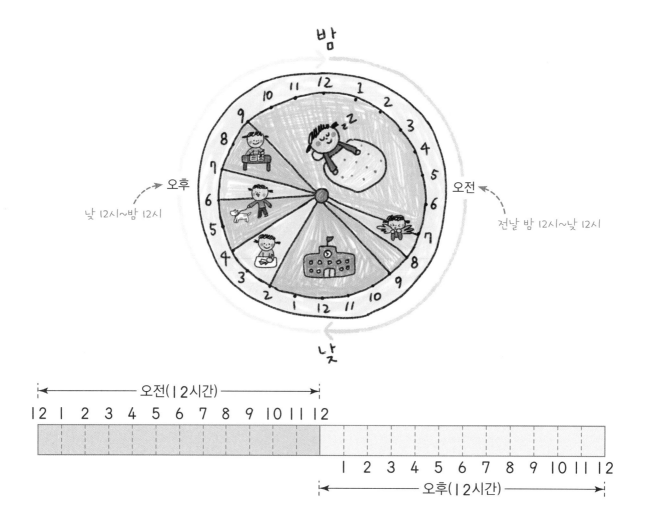

```
◄──────── 오전(12시간) ────────►
12  1  2  3  4  5  6  7  8  9  10  11  12
                                    1  2  3  4  5  6  7  8  9  10  11  12
                                    ◄──────── 오후(12시간) ────────►
```

⭐ 하루의 시간 중 전날 밤 12시부터 낮 12시까지가 오전 입니다.

⭐ 하루의 시간 중 낮 12시부터 밤 12시까지가 오후 입니다.

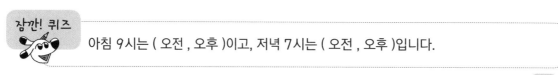

잠깐! 퀴즈

아침 9시는 (오전 , 오후)이고, 저녁 7시는 (오전 , 오후)입니다.

정답: 오전, 오후

102

보통 오전은 날이 밝은 아침을 떠올리고,
오후는 어두워지는 때를 생각하는 경우가 많아요.
하지만 어두운 새벽 1시는 오전, 날이 밝은 낮 1시는 오후예요.

🕐 오전일까요? 오후일까요? 알맞은 것에 ◯표 하세요.

1 아침 10시 — 오전 , 오후

2 낮 3시 — 오전 , 오후

3 새벽 5시 — 오전 , 오후

4 저녁 7시 — 오전 , 오후

5 밤 10시 — 오전 , 오후

6 낮 1시 — 오전 , 오후

앗! 실수

새벽 1시는 어둡지만 전날 밤
12시를 지났으므로 오전이에요.
실수하기 쉬우니 주의해요.

7 아침 9시 — 오전 , 오후

8 새벽 1시 — 오전 , 오후

9 낮 4시 — 오전 , 오후

10 밤 11시 — 오전 , 오후

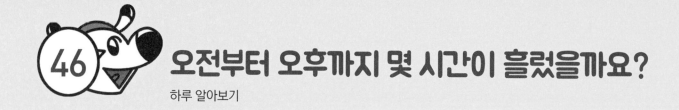
🕐 학교에 있었던 시간을 시간 띠에 나타내어 알아보세요.

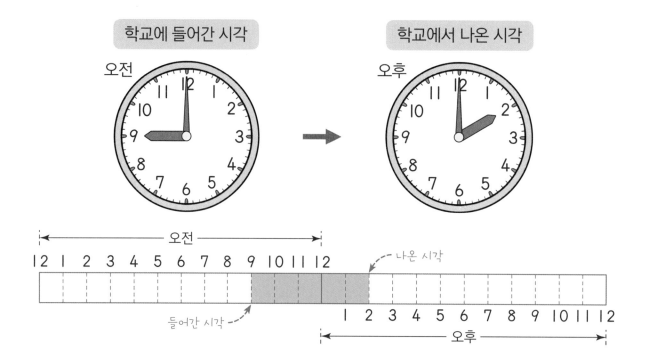

⭐ 학교에 들어간 시각은 오전 ⑨ 시예요.

⭐ 수업이 끝나고 학교에서 나온 시각은 오후 ② 시예요.

⭐ 시간 띠에서 색칠한 칸이 5칸이므로 학교에 있었던 시간은 ⑤ 시간이에요.

잠깐! 퀴즈

하루를 24칸으로 나눈 시간 띠에서 한 칸은 (10분 , 1시간)을 나타냅니다.

정답 1시간

오전의 시각을 시간 띠의 오전에, 오후의 시각을 시간 띠의 오후에
각각 표시한 다음 두 시각 사이를 색칠해 보세요.
색칠한 칸 수를 세면 흘러간 시간을 알 수 있어요.

🕐 두 시계를 보고 시간이 얼마나 흘렀는지 시간 띠에 나타내어 구해 보세요.

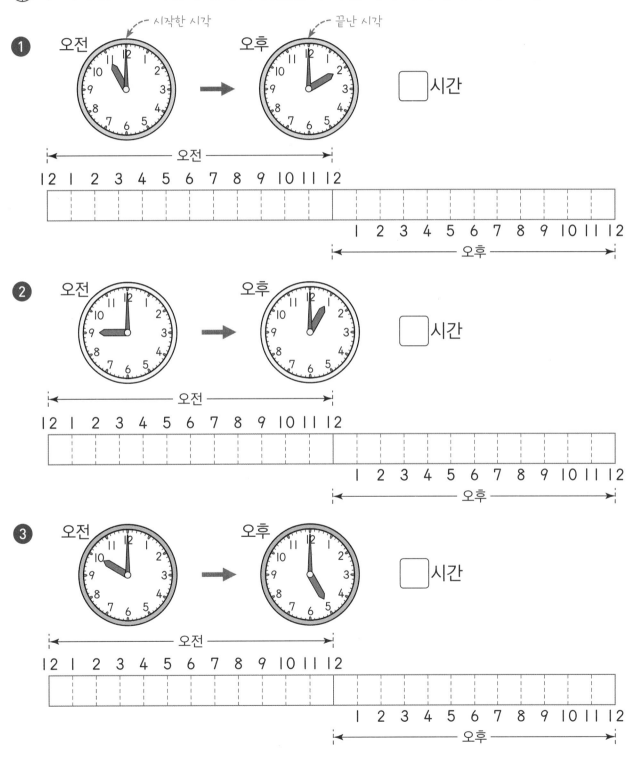

섞어! 연습하기

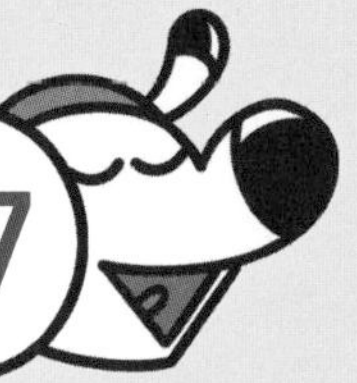

47 44~46과를 섞어서 복습해요

□ 안에 알맞은 수를 써넣으세요.

❶ 3일=□시간

❷ 24시간=□일

❸ 4일=□시간

❹ 72시간=□일

❺ 1일 4시간=□시간

❻ 27시간=□일 □시간

❼ 1일 20시간=□시간

❽ 34시간=□일 □시간

❾ 2일 7시간=□시간

❿ 45시간=□일 □시간

⓫ 2일 14시간=□시간

⓬ 54시간=□일 □시간

오전 10시에서 오후 1시까지 흘러간 시간은
오전 10시에서 낮 12시까지 ➡ 2시간,
낮 12시에서 오후 1시까지 ➡ 1시간이므로 2+1=3(시간)이에요.

🕐 두 시계를 보고 시간이 얼마나 흘렀는지 구해 보세요.

❶ 오전   오후

[ ]시간

❷ 오전   오후

[ ]시간

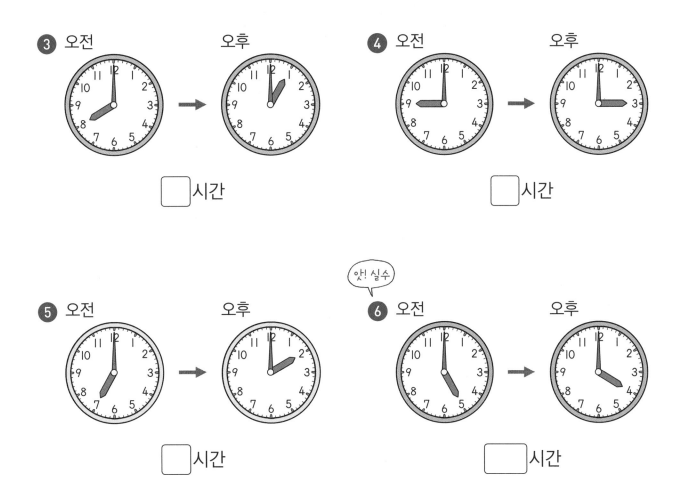

❸ 오전   오후

[ ]시간

❹ 오전   오후

[ ]시간

앗! 실수

❺ 오전   오후

[ ]시간

❻ 오전   오후

[ ]시간

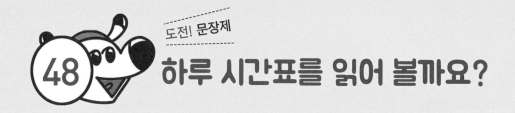
48 하루 시간표를 읽어 볼까요?

🕐 하루 시간표를 보고 알맞은 시각을 나타내어 보세요.

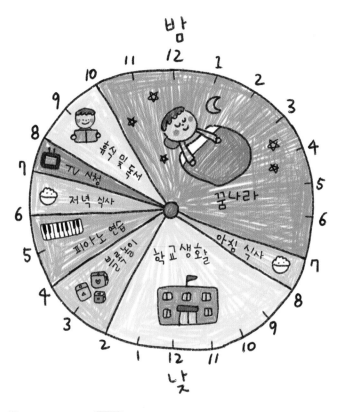

❶ 아침 식사는 (오전 , 오후) 7 시에 시작해요.

❷ 블록놀이는 (오전 , 오후) ☐ 시에 시작해요.

❸ 학교에 있는 시간은 (오전 , 오후) ☐ 시부터 (오전 , 오후) ☐ 시까지예요.

❹ 피아노 연습은 (오전 , 오후) ☐ 시부터 (오전 , 오후) ☐ 시까지 해요.

❺ 잠을 자는 시간은 (오전 , 오후) ☐ 시부터

다음 날 (오전 , 오후) ☐ 시까지예요.

하루의 시간 띠가 24칸으로 나누어져 있으므로 한 칸은 I시간을 나타내요.
오전 시각부터 오후 시각까지 흘러간 시간도 시간 띠를 이용하면 쉽게 구할 수 있어요.

🕐 문장을 읽고 걸린 시간을 구해 보세요.

❶ 베트남으로 가는 비행기는 오전 9시에 출발하여 오후 2시에 도착해요.
베트남으로 가는 데 걸린 시간은 몇 시간일까요?

☐시간

❷ 울릉도로 가는 배는 오전 II시에 출발하여 오후 3시에 도착해요.
울릉도로 가는 데 걸린 시간은 몇 시간일까요?

☐시간

❸ 동물원에 아침 I0시에 들어가서 오후 4시에 나왔어요.
동물원에 몇 시간 동안 있었을까요?

☐시간

❹ 영화가 오전 II시에 시작해서 오후 I시에 끝나요.
영화는 몇 시간 동안 상영될까요?

☐시간

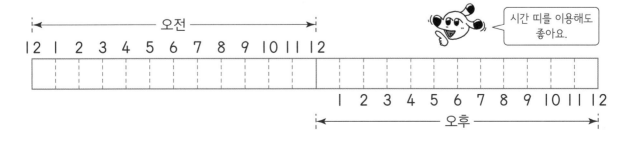

109

49 하루와 오전, 오후도 정확히 알아요

완성! 마무리

○ 안에 >, =, <를 알맞게 써넣으세요.

❶ 45시간 ○ 1일 20시간

❷ 2일 2시간 ○ 50시간

❸ 4일 ○ 28시간

❹ 2일 5시간 ○ 52시간

❺ 48시간 ○ 1일 23시간

❻ 72시간 ○ 5일

❼ 2일 12시간 ○ 60시간

❽ 45시간 ○ 1일 18시간

❾ 62시간 ○ 3일 5시간

❿ 240시간 ○ 10일

🕐 4명의 친구들이 도서관에 다녀왔습니다. ☐ 안에 알맞은 수를 써넣고, 가장 오랫동안 도서관에 있었던 친구의 이름을 써 보세요.

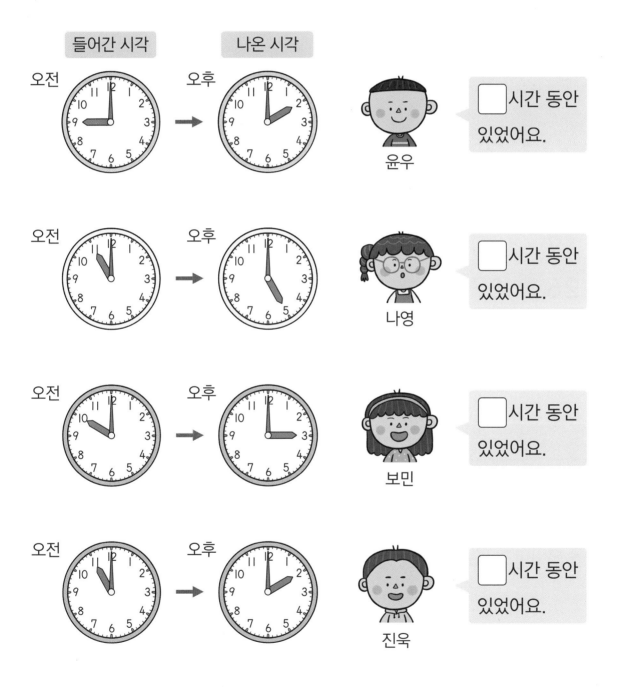

가장 오랫동안 도서관에 있었던 친구: _____

1주일은 7일이에요

달력 알아보기

🕐 달력을 보고 1주일은 며칠인지 알아보세요.

6월

달력에서 ↓ 방향으로 있는
날짜는 모두 같은 요일이에요.

일	월	화	수	목	금	토
			1	2	3	4
⑤	⑥	⑦	⑧	⑨	⑩	⑪
12	13	14	15	16	17	18
19	20	21	22	23	24	25
26	27	28	29	30		

+7
+7
+7

색칠된 기간은 1주일이에요.

⭐ 달력에서 ◯표한 요일을 순서대로 읽으면

일요일, 월요일, 화요일, 수 요일, 목 요일, 금요일, 토요일이에요.

⭐ 6월에서 토요일의 날짜는 4일, ☐ 일, ☐ 일, ☐ 일이에요.

⭐ 같은 요일이 7 일마다 반복되므로 1주일은 7 일이에요.

잠깐! 퀴즈
1주일은 (7일, 14일)입니다. 7일은 (1주일 , 2주일)입니다.

정답 7일, 1주일

1주일은 7일이므로 1주일씩 커질수록 7일씩 커져요.
2주일=1주일+1주일=7일+7일=14일,
3주일=1주일+1주일+1주일=7일+7일+7일=21일이에요.

🕐 ☐ 안에 알맞은 수를 써넣으세요.

❶ 2주일=☐일
↖ 1주일+1주일=7일+7일

❷ 3주일=☐일

❸ 1주일 3일=☐일
↖ 1주일+3일=7일+3일

❹ 1주일 5일=☐일

❺ 2주일 4일=☐일

❻ 3주일 4일=☐일

❼ 9일=☐일+2일
7 2 =☐주일 ☐일

❽ 13일=☐일+6일
=☐주일 ☐일

앗! 실수

❾ 19일=☐주일 ☐일
↖ 7일+7일+5일
  1주일 1주일

❿ 24일=☐주일 ☐일

⓫ 20일=☐주일 ☐일

⓬ 31일=☐주일 ☐일

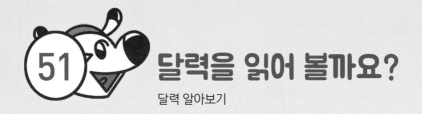

달력 알아보기

🕐 어느 해의 5월 달력입니다. 달력을 읽어 보세요.

⭐ 어린이날은 5월 5 일이에요.

⭐ 어린이날로부터 1주일 후의 날짜는 5월 12 일이에요.

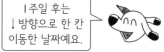

1주일 후는
↓방향으로 한 칸
이동한 날짜예요.

⭐ 어버이날은 5월 [ ] 일이에요.

⭐ 어버이날로부터 2주일 후의 날짜는 5월 [ ] 일이에요.

잠깐! 퀴즈
어버이날로부터 1주일 후의 날짜는 5월 (9일 , 15일)입니다.

정답 15일

114

달력에서 1주일 후는 ↓방향으로 한 칸, 2주일 후는 두 칸 이동한 날짜예요.
반대로 1주일 전은 ↑방향으로 한 칸, 2주일 전은 두 칸 이동한 날짜예요.

어느 해의 9월 달력입니다. 달력을 읽어 보세요.

9월

일	월	화	수	목	금	토
					1	2
3	4	5	6	7	8	9
10	11	12	13	14	15 민호 생일	16
17	18	19 선아 생일	20	21	22	23
24	25	26	27	28	29	30

❶ 민호 생일은 9월 [ ]일이에요.

❷ 선아 생일은 9월 [ ]일이에요.

❸ 선아 생일에서 1주일 후의 날짜는 9월 [ ]일이에요.

❹ 민호 생일에서 1주일 전의 날짜는 9월 [ ]일이에요.

1주일 전은
↑ 방향으로 한 칸
이동한 날짜예요.

❺ 민호 생일에서 2주일 후의 날짜는 9월 [ ]일이에요.

115

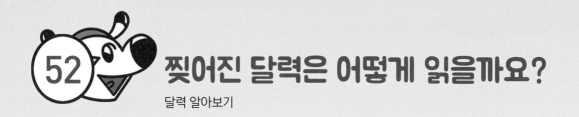

52 찢어진 달력은 어떻게 읽을까요?

달력 알아보기

🕐 달력의 일부분이 찢어졌습니다. 찢어진 달력을 읽어 보세요.

╌╌► 같은 요일이 7일마다 반복돼요.

일	월	화	수	목	금	토
	1	2	3	4	5	6
7	8	9	10	11	12	13
14	15	16				

⭐ 이달의 1일에서 1주일 후의 날짜는 8 일이에요.

⭐ 이달의 월요일의 날짜는 1일, 8일, 15일, 22 일, ☐ 일이에요.

+7   +7

⭐ 이달의 20일에서 1주일 전의 날짜는 13 일이에요.

⭐ 이달의 20일은 ☐ 요일이에요.

 잠깐! 퀴즈

달력에서 같은 요일이 (7일 , 10일)마다 반복됩니다.

정답 7일

116

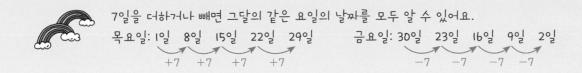

7일을 더하거나 빼면 그달의 같은 요일의 날짜를 모두 알 수 있어요.

목요일: 1일 8일 15일 22일 29일   금요일: 30일 23일 16일 9일 2일

🕐 달력의 일부분이 찢어졌습니다. 찢어진 달력을 읽어 보세요.

일	월	화	수	목	금	토
				1	2	3
4	5	6	7	8	9	10
		13	14	15	16	17

❶ 이달의 2일은 ☐요일이고, 3일은 ☐요일이에요.

+7   +7

❷ 이달의 금요일의 날짜는 2일, 9일, ☐일, ☐일, 30일이에요.

❸ 이달의 토요일의 날짜는 3일, 10일, ☐일, ☐일, 31일이에요.

❹ 이달의 11일은 ☐요일이에요.

❺ 이달의 21일은 ☐요일이에요.

28일−7일=21일, 21일−7일=14일은 같은 요일이에요.

❻ 이달의 28일은 ☐요일이에요.

53 50~52과를 섞어서 복습해요

⏱ ☐ 안에 알맞은 수를 써넣으세요.

❶ 2주일= ☐ 일

❷ 21일= ☐ 주일

❸ 4주일= ☐ 일

❹ 35일= ☐ 주일

❺ 1주일 6일= ☐ 일

❻ 22일= ☐ 주일 ☐ 일

❼ 2주일 3일= ☐ 일

❽ 19일= ☐ 주일 ☐ 일

❾ 3주일 3일= ☐ 일

❿ 25일= ☐ 주일 ☐ 일

⓫ 3주일 5일= ☐ 일

⓬ 30일= ☐ 주일 ☐ 일

1주일은 7일이므로 2주일은 14일, 3주일은 21일 …이에요.
1주일씩 커질수록 7일씩 커져요.

🕐 어느 해의 12월 달력입니다. 달력을 읽어 보세요.

12월

일	월	화	수	목	금	토
		1	2	3	4	5
6	7	8	9	10	11	12
13	14	15	16	17	18	19
20	21	22	23	24	25	26
27	28	29	30	31		

❶ 3일은 ☐요일이에요.

❷ 5일에서 1주일 후의 날짜는 ☐요일이에요.

> 몇 주일 전이나 후의 날짜들은 요일이 같아요.

❸ 14일에서 1주일 전의 날짜는 12월 ☐일이에요.

❹ 10일에서 2주일 후의 날짜는 12월 ☐일이에요.

❺ 25일에서 2주일 전의 날짜는 12월 ☐일이에요.

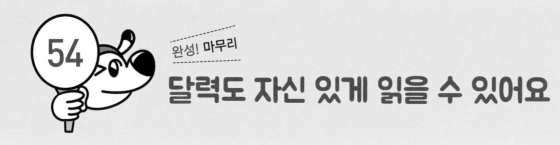

완성! 마무리
달력도 자신 있게 읽을 수 있어요

🕐 달력의 일부분이 찢어졌습니다. 찢어진 달력을 읽어 보세요.

일	월	화	수	목	금	토
			1	2	3	4
5	6	7	8	9	10	11
12	13	14	15	16	17	18

❶ 이달의 월요일의 날짜는 6일, 13일, ☐일, ☐일이에요.

❷ 이달의 수요일의 날짜는 1일, 8일, ☐일, ☐일, ☐일이에요.

❸ 이달의 14일에서 1주일 후의 날짜는 ☐일이에요.

❹ 이달의 12일에서 2주일 후의 날짜는 ☐일이에요.

❺ 이달의 26일은 ☐요일이에요.

⏱ 다음을 읽고 지우와 친구들의 생일을 달력에 표시해 보세요.

55 1년은 12개월이에요

1년 알아보기

🕐 달력을 보고 1년은 몇 개월인지 알아보세요.

1월						
일	월	화	수	목	금	토
		1	2	3	4	5
6	7	8	9	10	11	12
13	14	15	16	17	18	19
20	21	22	23	24	25	26
27	28	29	30	31		

2월						
일	월	화	수	목	금	토
					1	2
3	4	5	6	7	8	9
10	11	12	13	14	15	16
17	18	19	20	21	22	23
24	25	26	27	28		

3월						
일	월	화	수	목	금	토
					1	2
3	4	5	6	7	8	9
10	11	12	13	14	15	16
17	18	19	20	21	22	23
24	25	26	27	28	29	30
31						

4월						
일	월	화	수	목	금	토
	1	2	3	4	5	6
7	8	9	10	11	12	13
14	15	16	17	18	19	20
21	22	23	24	25	26	27
28	29	30				

5월						
일	월	화	수	목	금	토
			1	2	3	4
5	6	7	8	9	10	11
12	13	14	15	16	17	18
19	20	21	22	23	24	25
26	27	28	29	30	31	

6월						
일	월	화	수	목	금	토
						1
2	3	4	5	6	7	8
9	10	11	12	13	14	15
16	17	18	19	20	21	22
23	24	25	26	27	28	29
30						

7월						
일	월	화	수	목	금	토
	1	2	3	4	5	6
7	8	9	10	11	12	13
14	15	16	17	18	19	20
21	22	23	24	25	26	27
28	29	30	31			

8월						
일	월	화	수	목	금	토
				1	2	3
4	5	6	7	8	9	10
11	12	13	14	15	16	17
18	19	20	21	22	23	24
25	26	27	28	29	30	31

9월						
일	월	화	수	목	금	토
1	2	3	4	5	6	7
8	9	10	11	12	13	14
15	16	17	18	19	20	21
22	23	24	25	26	27	28
29	30					

10월						
일	월	화	수	목	금	토
		1	2	3	4	5
6	7	8	9	10	11	12
13	14	15	16	17	18	19
20	21	22	23	24	25	26
27	28	29	30	31		

11월						
일	월	화	수	목	금	토
					1	2
3	4	5	6	7	8	9
10	11	12	13	14	15	16
17	18	19	20	21	22	23
24	25	26	27	28	29	30

12월						
일	월	화	수	목	금	토
1	2	3	4	5	6	7
8	9	10	11	12	13	14
15	16	17	18	19	20	21
22	23	24	25	26	27	28
29	30	31				

⭐ 1년은 1월부터 [12]월까지 있으므로 [12]개월입니다.

 1년의 달수를 셀 때는 1월, 2월…이 아니라 1개월, 2개월…이라고 세요.

⭐ 2년=12개월+[ ]개월이므로 [ ]개월입니다.

 잠깐! 퀴즈

1년은 (12개월 , 24개월)이고, 한 달의 날수가 가장 적은 달은 (1월 , 2월)입니다.

정답 12개월, 2월

122

1년은 12개월이므로 1년씩 커질수록 달수는 12개월씩 커져요.
따라서 2년은 24개월, 3년은 36개월, 4년은 48개월…이에요.

🕐 ☐ 안에 알맞은 수를 써넣으세요.

❶ 2년=☐개월
  └ 1년+1년=12개월+12개월

❷ 3년=☐개월

❸ 4년=☐개월

❹ 5년=☐개월

❺ 1년 3개월=☐개월
  └ 12개월+3개월

❻ 1년 10개월=☐개월

❼ 2년 5개월=☐개월

❽ 2년 8개월=☐개월

❾ 20개월=☐개월+8개월
   (12 8)
  =☐년 ☐개월

❿ 23개월=☐개월+11개월
  =☐년 ☐개월

⓫ 25개월=☐년 ☐개월

⓬ 30개월=☐년 ☐개월

56 각 달의 날수는 주먹을 쥐면 쉽게 알아요

1년 알아보기

🕐 각 달의 날수는 며칠인지 알아보세요.

월	1	2	3	4	5	6	7	8	9	10	11	12
날수(일)	31	28 (29)	31	30	31	30	31	31	30	31	30	31

⤷ 2월은 4년에 한 번씩 29일이 돼요.

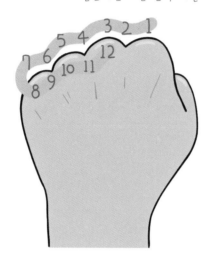

주먹을 쥐고 둘째 손가락부터 시작하여 위로 솟은 것은 큰 달(31일), 안으로 들어간 것은 작은 달(30일 또는 28일)로 생각해요.

⭐ 날수가 31일인 달은 1월, 3월, 5월, ☐월, ☐월, ☐월, ☐월입니다.

⭐ 날수가 30일인 달은 4월, 6월, ☐월, ☐월입니다.

⭐ 날수가 28(29)일인 달은 ☐월입니다.

❓ 궁금해요! 2월의 날수는 왜 28일도 있고, 29일도 있나요?

1년은 지구가 태양을 한 바퀴 도는 시간으로 365일 5시간 48분 46초가 걸려요.
1년을 365일로 정했더니 매년 5시간 48분 46초가 남아서 달력을 만들 때 4년마다 2월을 하루씩 늘렸어요.
그래서 2월의 날수는 28일인데 4년에 한 번씩 29일이 돼요.

각 달의 날수를 기억할 때는 주먹을 쥐어 알아보세요.
1월부터 7월까지 세고 다시 돌아올 때 8월은 위로 솟은 부분으로 세어야 해요.

각 달의 날수를 써 보세요.

1 1월 ➡ 31일   **2** 4월 ➡ ☐

3 3월 ➡ ☐   **4** 7월 ➡ ☐

5 5월 ➡ ☐   **6** 6월 ➡ ☐

앗! 실수

7 8월 ➡ ☐

└─ 주먹을 쥐고 날수를 알아볼 때
실수하기 쉬운 달이에요.

8 10월 ➡ ☐

9 9월 ➡ ☐   **10** 12월 ➡ ☐

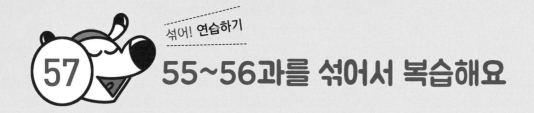

섞어! 연습하기

57 55~56과를 섞어서 복습해요

🕐 바르게 나타낸 것에 ◯표 하세요.

1 1년 6개월
- 16개월
- 18개월

2 14개월
- 1년 2개월
- 1년 4개월

3 1년 10개월
- 22개월
- 23개월

4 24개월
- 2년
- 2년 4개월

5 2년 5개월
- 25개월
- 29개월

6 32개월
- 2년 6개월
- 2년 8개월

7 2년 11개월
- 27개월
- 35개월

8 42개월
- 3년 6개월
- 4년 2개월

9 3년 4개월
- 40개월
- 44개월

10 58개월
- 4년 8개월
- 4년 10개월

126

각 달의 날수는 주먹을 쥐어 알아보면 기억하기 쉬워요.

월	1	2	3	4	5	6	7	8	9	10	11	12
날수(일)	31	28(29)	31	30	31	30	31	31	30	31	30	31

🕐 날수가 같은 달끼리 짝지은 것은 ◯표, <u>아닌</u> 것은 ✕표 하세요.

❶ 1월 , 3월   (   )

❷ 5월 , 7월   (   )

❸ 2월 , 6월   (   )

❹ 4월 , 9월   (   )

❺ 8월 , 10월   (   )

❻ 5월 , 11월   (   )

❼ 7월 , 8월   (   )

❽ 3월 , 12월   (   )

❾ 6월 , 9월   (   )

❿ 10월 , 11월   (   )

완성! 마무리
1년과 각 달의 날수도 정확히 알아요

🕐 ☐ 안에 알맞은 수를 써넣으세요.

❶ 1년 1개월=☐개월

❷ 1년 11개월=☐개월

❸ 2년 5개월=☐개월

❹ 3년 3개월=☐개월

❺ 4년 5개월=☐개월

❻ 5년 2개월=☐개월

❼ 17개월=☐년☐개월

❽ 23개월=☐년☐개월

❾ 30개월=☐년☐개월

❿ 33개월=☐년☐개월

⓫ 40개월=☐년☐개월

⓬ 47개월=☐년☐개월

한 달의 날수가 30일이면 ⬇ 방향, 31일이면 ➡ 방향으로 길을 따라가 보세요.

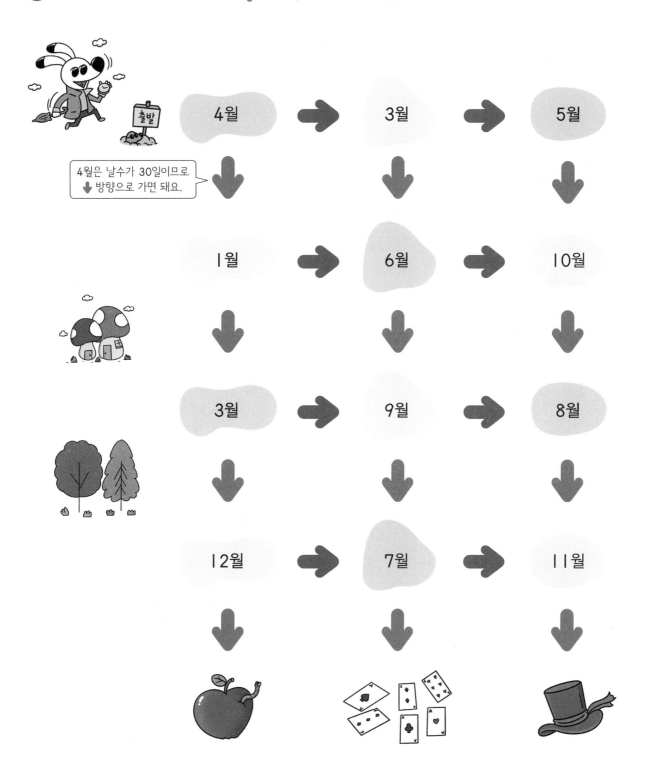

4월은 날수가 30일이므로 ⬇ 방향으로 가면 돼요.

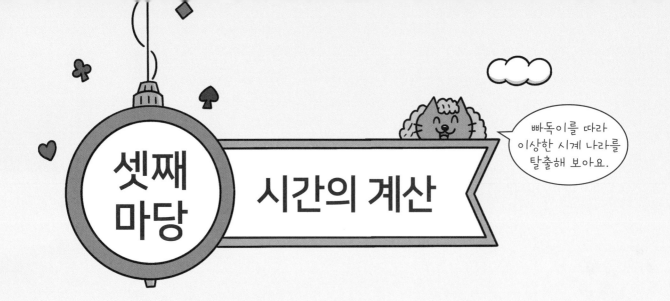

시간의 계산

빠독이를 따라 이상한 시계 나라를 탈출해 보아요.

오늘 공부한 단계를 색칠해 보세요!

나의 공부 계획

단원별로 공부한 날짜를 써 보세요!

59~64과 | 시간의 덧셈	시작 : 월 일
	끝 : 월 일
65~70과 | 시간의 뺄셈	시작 : 월 일
	끝 : 월 일

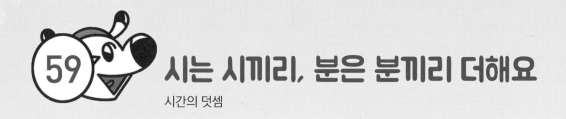

59 시는 시끼리, 분은 분끼리 더해요

시간의 덧셈

🕐 시간의 덧셈을 이용하여 몇 시간 후의 시각을 구해 보세요.

⭐ I 시에서 2시간 후의 시각은 ⬜3⬜ 시입니다.

⤷ 시간의 덧셈으로 구해요.

시는 시끼리,
분은 분끼리 더해요.

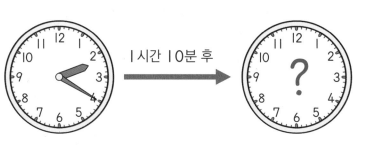

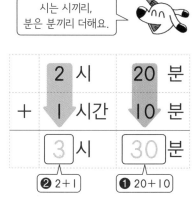

⭐ 2시 20분에서 I시간 10분 후의 시각은 ⬜시 ⬜분입니다.

잠깐! 퀴즈

시간의 덧셈에서 시는 (시 , 분)끼리, 분은 (시 , 분)끼리 더합니다.

분 '시 답정

1시에서 2시간 후의 시각은 시간의 덧셈
(시각)+(시간)=(시각)을 이용하여 구해요.
1시에 2시간을 더하면 3시예요.

```
      ┌2시간 후┐
      ↓        ↓
     1시      3시
```

```
   1 시
 + 2 시간
 ───────
   3 시
```

🕐 계산해 보세요.

1
```
    3 시
 +  2 시간
 ────────
    5 시
```
```
   ┌─2시간 후─┐
   ↓          ↓
  3시        5시
```

2
```
    5 시
 +  3 시간
 ────────
   □ 시
```

분 → 시 순서대로 같은
시간 단위끼리 더해요.

3
```
  ②       ①
   2 시   10 분
 + 4 시간  20 분
 ──────────────
  □ 시   □ 분
```

4
```
    7 시    30 분
 +  2 시간  10 분
 ───────────────
   □ 시   □ 분
```

5
```
    6 시    15 분
 +  1 시간   5 분
 ───────────────
   □ 시   □ 분
```

6
```
    3 시    35 분
 +  5 시간  15 분
 ───────────────
   □ 시   □ 분
```

7
```
    5 시    18 분
 +  4 시간  16 분
 ───────────────
   □ 시   □ 분
```

8
```
    8 시    37 분
 +  2 시간  15 분
 ───────────────
   □ 시   □ 분
```

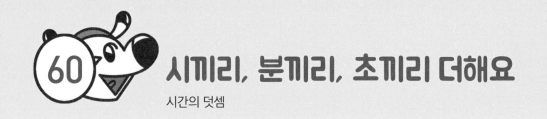

60 시끼리, 분끼리, 초끼리 더해요

시간의 덧셈

🕐 시간의 덧셈을 이용하여 몇 시간 후의 시각을 구해 보세요.

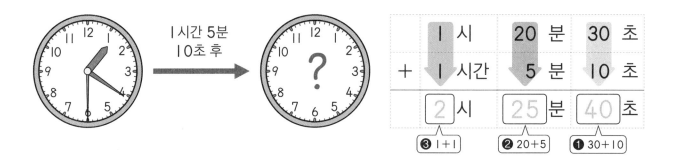

1 시	20 분	30 초
+ 1 시간	5 분	10 초
2 시	25 분	40 초
❸ 1+1	❷ 20+5	❶ 30+10

⭐ 1시 20분 30초에서 <u>1시간 5분 10초</u> 후의 시각은 2시 [ ]분 [ ]초입니다.

시는 시끼리, 분은 분끼리,
초는 초끼리 더해요.

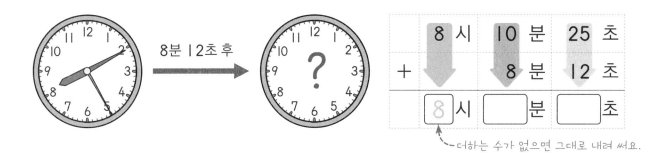

8 시	10 분	25 초
+	8 분	12 초
8 시	[ ]분	[ ]초

└── 더하는 수가 없으면 그대로 내려 써요.

⭐ 8시 10분 25초에서 <u>8분 12초</u> 후의 시각은 [ ]시 [ ]분 [ ]초입니다.

 잠깐! 퀴즈

시간의 덧셈에서 시는 (시 , 분)끼리, 분은 (분 , 초)끼리, 초는 (시 , 초)끼리 더합니다.

정답 시, 분, 초

134

시간의 덧셈에서 같은 시간 단위끼리 계산하는 이유는
I시간과 I분처럼 같은 수라도 단위가 다르면 다른 시간을 나타내기 때문이에요.

🕐 계산해 보세요.

초 → 분 → 시 순서대로
같은 시간 단위끼리 더해요.

1
③ 5 시   ② 15 분   ① 10 초
+ 1 시간   22 분   25 초
☐ 시   ☐ 분   35 초

2
3 시   21 분   10 초
+ 4 시간   13 분   30 초
☐ 시   ☐ 분   ☐ 초

3
6 시   25 분   9 초
+ 3 시간   14 분   3 초
☐ 시   ☐ 분   ☐ 초

4
8 시   15 분   20 초
+ 2 시간   10 분   12 초
☐ 시   ☐ 분   ☐ 초

5
6 시   8 분   42 초
+ 5 시간   19 분   11 초
☐ 시   ☐ 분   ☐ 초

6
9 시   47 분   30 초
+ 1 시간   3 분   21 초
☐ 시   ☐ 분   ☐ 초

7
3 시   40 분   24 초
+   15 분   13 초
☐ 시   ☐ 분   ☐ 초

8
8 시   34 분   8 초
+   22 분   15 초
☐ 시   ☐ 분   ☐ 초

🕐 그림을 보고 시간의 덧셈을 해 보세요.

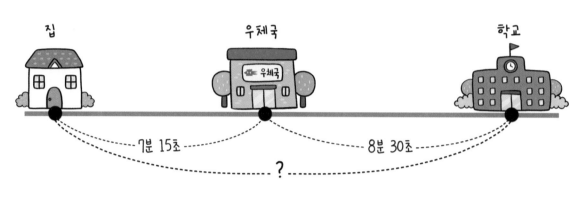

집   우체국   학교

7분 15초   8분 30초

?

7분 15초＋8분 30초＝ 15 분 45 초

⭐ 집에서 학교까지 가는 데 걸리는 시간은 [ ]분 [ ]초예요.

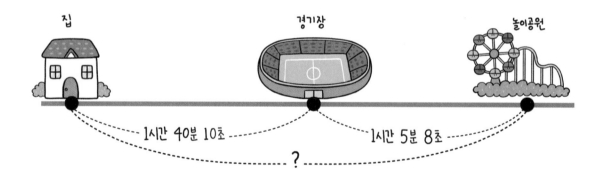

집   경기장   놀이공원

1시간 40분 10초   1시간 5분 8초

?

1시간 40분 10초＋1시간 5분 8초＝ 2 시간 45 분 18 초

⭐ 집에서 놀이공원까지 가는 데 걸리는 시간은 [ ]시간 [ ]분 [ ]초예요.

136

1시간과 2시간의 합은 시간의 덧셈
(시간)+(시간)=(시간)을 이용하여 구해요.
1시간에 2시간을 더하면 3시간이에요.

계산해 보세요.

❶ 3분 20초+4분 15초= 7 분 35 초

같은 시간 단위끼리 선을
긋고 계산해 보세요.

❷ 15분 7초+6분 8초= ☐ 분 ☐ 초

❸ 1시간 32분+3시간 9분= ☐ 시간 ☐ 분

❹ 4시간 39분+1시간 16분= ☐ 시간 ☐ 분

❺ 2시간 25분 6초+1시간 9분 4초= ☐ 시간 ☐ 분 ☐ 초

❻ 5시간 43분 20초+2시간 7분 5초= ☐ 시간 ☐ 분 ☐ 초

앗! 실수

❼ 3시간 40초+7분 5초= 3 시간 ☐ 분 ☐ 초

같은 시간 단위끼리만 더할 수 있어요.
더하는 수가 없으면 그대로 써요.

앗! 실수

❽ 6시간 30분+25분 30초= ☐ 시간 ☐ 분 ☐ 초

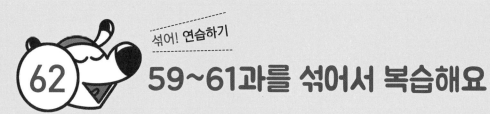
🕐 계산해 보세요.

❶   1 시   32 분
   + 6 시간   13 분
   ☐ 시   ☐ 분

❷   5 시   16 분
   + 2 시간   41 분
   ☐ 시   ☐ 분

❸   3 시   14 분
   + 4 시간   23 분
   ☐ 시   ☐ 분

❹   7 시   30 분
   +   3 시간   10 분
   ☐ 시   ☐ 분

❺   1 분   51 초
   + 8 분   4 초
   ☐ 분 ☐ 초

❻   14 분   18 초
   +   32 초
   ☐ 분 ☐ 초

❼ 3시간 40분+5시간 12분
   =☐시간 ☐분

❽ 4시간 25분+7시간 20분
   =☐시간 ☐분

138

1시간 10분+2시간 5초와 같은 계산에서
서로 다른 시간 단위끼리 더하지 않도록 주의해야 해요.
가로셈에서는 같은 시간 단위끼리 선을 그으면 실수를 줄일 수 있어요.

계산해 보세요.

1
```
    2 시   20 분   6 초
 +  3 시간   5 분   2 초
 ─────────────────────
   □ 시   □ 분   □ 초
```

2
```
    8 시    7 분  13 초
 +  1 시간  10 분   5 초
 ─────────────────────
   □ 시   □ 분   □ 초
```

3
```
    3 시   25 분  10 초
 +  5 시간  15 분   6 초
 ─────────────────────
   □ 시   □ 분   □ 초
```

4
```
    6 시   18 분  32 초
 +  4 시간  27 분  15 초
 ─────────────────────
   □ 시   □ 분   □ 초
```

5
```
    7 시   42 분   9 초
 +         8 분   6 초
 ─────────────────────
   □ 시   □ 분   □ 초
```

6
```
   11 시   25 분  14 초
 +        16 분   8 초
 ─────────────────────
   □ 시   □ 분   □ 초
```

7 2시간 14분 20초＋1시간 3분 5초
= □ 시간 □ 분 □ 초

8 9시간 30초＋2시간 10분
= □ 시간 □ 분 □ 초

139

63 도착 시각은 몇 시 몇 분일까요?

🕐 어느 산의 둘레길을 가는 데 걸리는 시간입니다. ☐ 안에 알맞은 수를 써넣으세요.

❶ 매표소에서 9시에 출발하여 ➡ 방향으로 걸으면 능안정에

☐ 시 ☐ 분에 도착합니다.
9시+1시간 25분

❷ 매표소에서 9시에 출발하여 ➡ 방향으로 걸으면 전나무 숲에

☐ 시 ☐ 분에 도착합니다.

❸ 매표소에서 ➡ 방향으로 능안정을 지나 정상까지 가는 데 걸리는 시간은

☐ 시간 ☐ 분입니다.
1시간 25분 + 1시간 23분
(매표소~능안정) (능안정~정상)

❹ 매표소에서 ➡ 방향으로 전나무 숲을 지나 정상까지 가는 데 걸리는 시간은

☐ 시간 ☐ 분입니다.

몇 분 후의 시각을 묻는 문제와 걸린 시간의 합을 구하는 문제는
시간의 덧셈을 이용해요. 시각을 물어볼 때는 몇 시 몇 분,
시간을 물어볼 때는 몇 시간 몇 분처럼 시간 단위를 정확하게 써 보세요.

🕐 문장을 읽고 시간의 덧셈을 이용하여 물음에 답해 보세요.

❶ 2시간 15분과 1시간 15분의 합은 몇 시간 몇 분일까요?

(   )

❷ 명수는 학교에서 2시 15분에 출발하여 32분 후 집에 도착했어요.
집에 도착한 시각은 몇 시 몇 분일까요?

(   )

❸ 공연이 3시 30분에 시작하여 1시간 20분 후에 끝났어요.
공연이 끝난 시각은 몇 시 몇 분일까요?

(   )

❹ 비행기가 8시 22분 15초에 출발하여 1시간 3분 5초 후에 제주 공항
에 도착했어요. 제주 공항에 도착한 시각은 몇 시 몇 분 몇 초일까요?

(   )

❺ 지후는 농구를 1시간 5분 동안 하고, 축구를 1시간 20분 동안 했어요.
농구와 축구를 한 시간은 모두 몇 시간 몇 분일까요?

(   )

64 완성! 마무리

시간의 덧셈을 정확히 할 수 있어요

🕐 계산해 보세요.

①   3 시   11 분
    + 2 시간   17 분
    ────────────
    □시 □분

②   7 시   34 분
    + 1 시간   9 분
    ────────────
    □시 □분

③   5 시   26 분
    + 4 시간   15 분
    ────────────
    □시 □분

④   9 시   35 분
    +   15 분
    ────────────
    □시 □분

⑤   2 시   20 분   30 초
    + 3 시간   10 분   5 초
    ──────────────────
    □시 □분 □초

⑥   6 시   15 분   21 초
    + 1 시간   8 분   19 초
    ──────────────────
    □시 □분 □초

⑦   7 시   3 분   5 초
    +   12 분   7 초
    ──────────────────
    □시 □분 □초

⑧   10 시   3 분   10 초
    +   42 분   25 초
    ──────────────────
    □시 □분 □초

⏱ 경기가 끝난 시각에 맞게 시곗바늘을 그려 넣고, 가장 늦게 끝난 경기를 찾아 이름을
써 보세요.

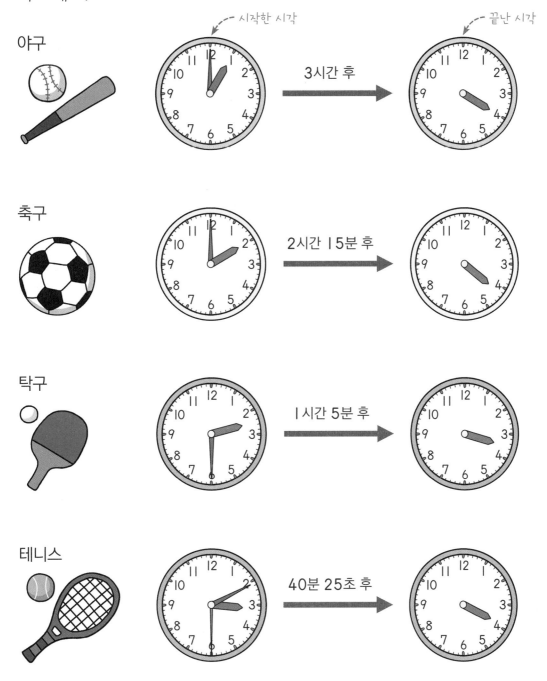

가장 늦게 끝난 경기: _____

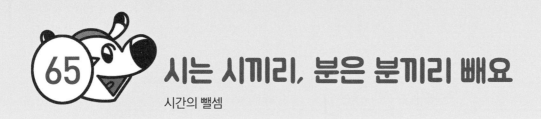

시간의 뺄셈

⏱ 시간의 뺄셈을 이용하여 몇 시간 전의 시각을 구해 보세요.

2시간 전

3 시
− 2 시간
⏐ 시

3−2

⭐ 3시에서 <u>2시간 전</u>의 시각은 ⏐ 시입니다.

⤺ 시간의 뺄셈으로 구해요.

시는 시끼리,
분은 분끼리 빼요.

1시간 10분 전

3 시	30 분
− 1 시간	10 분
2 시	20 분

❷ 3−1   ❶ 30−10

⭐ 3시 30분에서 <u>1시간 10분 전</u>의 시각은 ☐시 ☐분입니다.

잠깐! 퀴즈

시간의 뺄셈에서 시는 (시 , 분)끼리, 분은 (시 , 분)끼리 뺍니다.

정답 시, 분

3시에서 2시간 전의 시각은 시간의 뺄셈
(시각)-(시간)=(시각)을 이용하여 구해요.
3시에서 2시간을 빼면 1시예요.

← 2시간 전 →
1시   3시

```
  3 시
- 2 시간
―――――
  1 시
```

🕐 계산해 보세요.

1
```
   5 시
-  3 시간
―――――
  [2] 시
```
┌ 3시간 전 ┐
2시   5시

2
```
   7 시
-  4 시간
―――――
  [ ] 시
```

분 → 시 순서대로 같은
시간 단위끼리 빼요.

3
```
   ② 3 시 │ ① 40 분
 -   1 시간 │   20 분
―――――――――――
   [ ] 시 │ [ ] 분
```

4
```
   5 시    50 분
-  2 시간   30 분
―――――――――――
  [ ] 시  [ ] 분
```

5
```
   7 시    25 분
-  4 시간   15 분
―――――――――――
  [ ] 시  [ ] 분
```

6
```
   6 시    54 분
-  2 시간   36 분
―――――――――――
  [ ] 시  [ ] 분
```

7
```
   8 시    52 분
-  6 시간   21 분
―――――――――――
  [ ] 시  [ ] 분
```

8
```
  11 시    46 분
-  5 시간   38 분
―――――――――――
  [ ] 시  [ ] 분
```

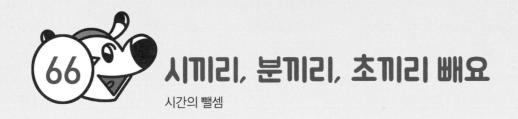
🕐 시간의 뺄셈을 이용하여 몇 시간 전의 시각을 구해 보세요.

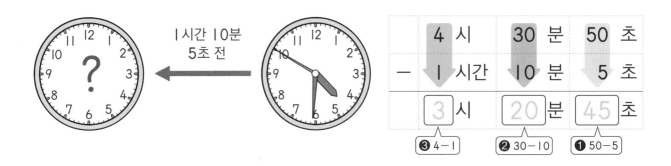

	4 시	30 분	50 초
−	1 시간	10 분	5 초
	3 시	20 분	45 초
	❸ 4−1	❷ 30−10	❶ 50−5

⭐ 4시 30분 50초에서 <u>1시간 10분 5초 전</u>의 시각은 3시 [ ] 분 [ ] 초 입니다.

> 시는 시끼리, 분은 분끼리,
> 초는 초끼리 빼요.

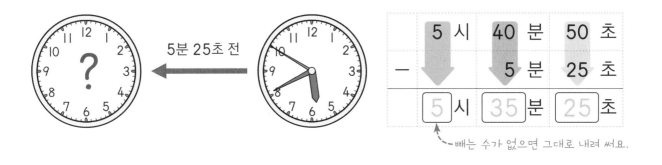

	5 시	40 분	50 초
−		5 분	25 초
	5 시	35 분	25 초

┄ 빼는 수가 없으면 그대로 내려 써요.

⭐ 5시 40분 50초에서 <u>5분 25초 전</u>의 시각은 [ ]시 [ ]분 [ ]초입니다.

잠깐! 퀴즈

시간의 뺄셈에서 시는 (시 , 분)끼리, 분은 (분 , 초)끼리, 초는 (시 , 초)끼리 뺍니다.

정답 시, 분, 초

146

시간의 뺄셈에서 계산 결과가 0인 시간 단위는 읽지 않아요.
4시 10분 5초-4시간 5분 2초=5분 3초예요.
4-4=0

🕐 계산해 보세요.

초→분→시 순서대로
같은 시간 단위끼리 빼요.

❶
	❸		❷		❶	
	4	시	35	분	40	초
−	2	시간	20	분	10	초
	☐	시	☐	분	30	초

❷
	6	시	40	분	55	초
−	5	시간	35	분	35	초
	☐	시	☐	분	☐	초

❸
	9	시	18	분	25	초
−	6	시간	5	분	12	초
	☐	시	☐	분	☐	초

❹
	7	시	33	분	22	초
−	4	시간	15	분	18	초
	☐	시	☐	분	☐	초

❺
	10	시	27	분	55	초
−	8	시간	4	분	42	초
	☐	시	☐	분	☐	초

❻
	5	시	10	분	45	초
−	1	시간	7	분	29	초
	☐	시	☐	분	☐	초

❼
	2	시	56	분	40	초
−			8	분	17	초
	☐	시	☐	분	☐	초

❽
	7	시	40	분	45	초
−	7	시간	27	분	36	초
	☐		☐	분	☐	초

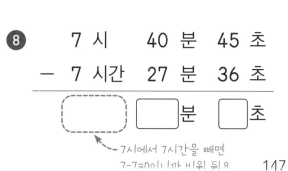
7시에서 7시간을 빼면
7-7=0이니까 비워 둬요.

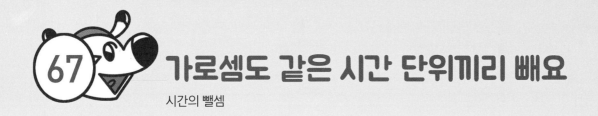

67 가로셈도 같은 시간 단위끼리 빼요

시간의 뺄셈

⏱ 그림을 보고 시간의 뺄셈을 해 보세요.

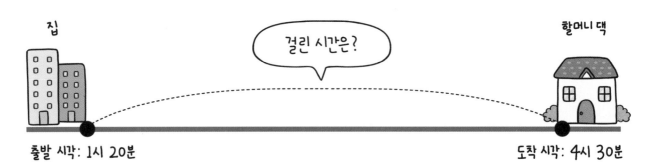

집   할머니 댁

출발 시각: 1시 20분   도착 시각: 4시 30분

도착 시각   출발 시각

4시 30분 − 1시 20분 = 3 시간 10 분
시   분

⭐ 집에서 할머니 댁까지 가는 데 걸린 시간은 ☐시간 ☐분이에요.

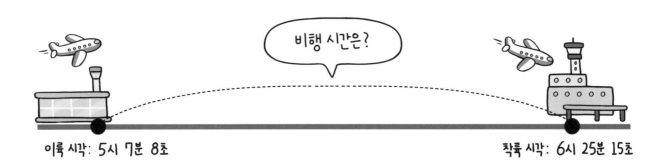

비행 시간은?

이륙 시각: 5시 7분 8초   착륙 시각: 6시 25분 15초

6시 25분 15초 − 5시 7분 8초 = 1 시간 18 분 7 초
시   분   초

⭐ 비행기가 이륙해서 착륙하기까지 걸린 시간은 ☐시간 ☐분 ☐초예요.

출발 시각과 도착 시각이 있고
걸린 시간을 구하는 문제는 시간의 뺄셈
(시각)−(시각)=(시간)을 이용하여 구해요.

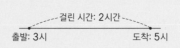

걸린 시간: 2시간
출발: 3시   도착: 5시

계산해 보세요.

❶ 5분 30초−3분 15초= 2 분 15 초

같은 시간 단위끼리 선을
긋고 계산해 보세요.

❷ 47분 25초−12분 10초=□분 □초

❸ 5시 48분−2시 23분=□시간 □분

❹ 9시 55분−7시 35분=□시간 □분

❺ 3시 16분 50초−1시 10분 25초=□시간 □분 □초

❻ 8시 40분 39초−5시 3분 30초=□시간 □분 □초

❼ 7시 32분 10초−6시 9분 2초=□시간 □분 □초

앗! 실수

❽ 4시 50분 32초−4시 27초=□분 □초

같은 시간 단위끼리만 뺄 수 있어요.
빼는 수가 없으면 그대로 써요.

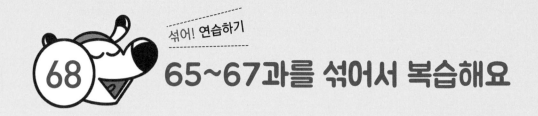

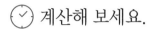

68 65~67과를 섞어서 복습해요

🕐 계산해 보세요.

①　　6 시　　27 분
　　− 3 시간　15 분
　　　☐ 시　☐ 분

②　　8 시　　33 분
　　− 4 시간　20 분
　　　☐ 시　☐ 분

③　　7 시　　41 분
　　− 2 시간　16 분
　　　☐ 시　☐ 분

④　　9 시　　52 분
　　− 8 시간　49 분
　　　☐ 시　☐ 분

⑤　　5 분　　50 초
　　− 1 분　　39 초
　　　☐ 분　☐ 초

⑥　　13 분　　25 초
　　−　　　　18 초
　　　☐ 분　☐ 초

⑦ 10시 42분−6시 35분
　= ☐ 시간 ☐ 분

⑧ 12시 27분−9시 9분
　= ☐ 시간 ☐ 분

1시 10분 5초-10분 2초와 같은 계산에서
서로 다른 시간 단위끼리 빼지 않도록 주의해야 해요.
가로셈에서는 같은 시간 단위끼리 선을 그으면 실수를 줄일 수 있어요.

🕐 계산해 보세요.

❶
      5 시   25 분   30 초
  − 4 시간   10 분   5 초
  ─────────────────────
     ☐시   ☐분   ☐초

❷
      7 시   14 분   41 초
  − 2 시간   9 분   10 초
  ─────────────────────
     ☐시   ☐분   ☐초

❸
      8 시   43 분   9 초
  − 6 시간   17 분   4 초
  ─────────────────────
     ☐시   ☐분   ☐초

❹
     10시   28 분   35 초
  − 9 시간   7 분   18 초
  ─────────────────────
     ☐시   ☐분   ☐초

❺
      3 시   15 분   33 초
  −   8 분   25 초
  ─────────────────────
     ☐시   ☐분   ☐초

❻
     11 시   25 분   24 초
  − 11 시   16 분   8 초
  ─────────────────────
              ☐분   ☐초

❼ 8시 10분 8초−2시 5분 3초
  =☐시간 ☐분 ☐초

❽ 5시 45분 10초−5시 9분 5초
  =☐분 ☐초

69 공연을 보는 데 걸린 시간은 얼마일까요?

🕐 시계를 보고 ☐ 안에 알맞은 수를 써넣으세요.

❶

시작 시각		끝난 시각
5:10	→	7:20

공연을 ☐시간 ☐분 동안 봤어요.

❷

그림을 ☐시간 ☐분 동안 그렸어요.

❸

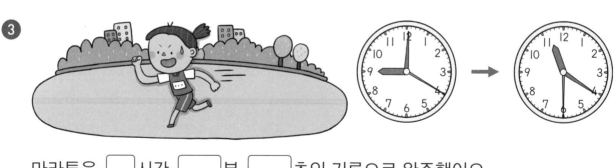

마라톤을 ☐시간 ☐분 ☐초의 기록으로 완주했어요.

몇 시간 전의 시각을 묻는 문제와 두 시각 사이의 시간을 묻는 문제는
시간의 뺄셈을 이용해요. 시각을 물어볼 때는 몇 시 몇 분,
시간을 물어볼 때는 몇 시간 몇 분처럼 시간 단위를 정확하게 써 보세요.

⏰ 문장을 읽고 물음에 답해 보세요.

❶ 3시간 40분과 1시간 25분의 차는 몇 시간 몇 분일까요?

(   )

❷ 지금 시각은 6시 50분이에요. 체험 학습을 35분 전에 시작했다면 체험 학습이
시작된 시각은 몇 시 몇 분일까요?

(   )

❸ 지금 시각은 9시 45분이에요. 야구 경기를 2시간 5분 전에 시작했다면 야구 경
기가 시작된 시각은 몇 시 몇 분일까요?

(   )

❹ 기차를 타고 용산에서 광주까지 가는 데 걸리
는 시간은 몇 시간 몇 분일까요?

(   )

승차권	NO. 20-168592
용산 ▶ 광주	
[출발 시각]	[도착 시각]
1:18	4:24

❺ 비행기를 타고 인천공항에서 싱가포르까지 가
는 데 몇 시간 몇 분이 걸릴까요?

(   )

탑승권	
인천공항 ▶ 싱가포르	
[출발 시각] 6:23	
[도착 시각] 11:38	

완성! 마무리

시간의 뺄셈을 정확히 할 수 있어요

🕐 계산해 보세요.

❶　　7 시　　36 분
　− 4 시간　13 분
　　□ 시　　□ 분

❷　　9 시　　54 분
　− 5 시간　16 분
　　□ 시　　□ 분

❸　12 시　　24 분
　− 6 시간　　7 분
　　□ 시　　□ 분

❹　　3 시　41 분
　−　　　29 분
　　□ 시　□ 분

❺　　3 시　45 분　30 초
　− 2 시간　12 분　10 초
　　□ 시　□ 분　□ 초

❻　　5 시　38 분　15 초
　− 1 시간　22 분　9 초
　　□ 시　□ 분　□ 초

❼　　8 시　24 분　17 초
　− 4 시간　18 분　2 초
　　□ 시　□ 분　□ 초

❽　　9 시　33 분　42 초
　−　　　28 분　22 초
　　□ 시　□ 분　□ 초

154

⏱ 다음은 음식을 만들기 시작한 시각과 끝난 시각입니다. 가장 오랫동안 만든 음식을 찾아 이름을 써 보세요.

피자

시작한 시각		끝난 시각
2 : 12	▶	3 : 58

라면

시작한 시각		끝난 시각
10 : 42	▶	10 : 52

갈비찜

시작한 시각		끝난 시각
4 : 26	▶	6 : 33

잡채

시작한 시각		끝난 시각
5 : 38	▶	7 : 40

가장 오랫동안 만든 음식: _____

첫째 마당 · 시계 읽기

01과 ▶▶ 12쪽

시각 읽기	시각 읽기
	4, 네
2, 두	5, 다섯
3, 세	6, 여섯

01과 ▶▶ 13쪽

① 4, 네   ② 1, 한   ③ 6, 여섯   ④ 5, 다섯

⑤ 3, 세   ⑥ 2, 두   ⑦ 1, 한   ⑧ 3, 세

02과 ▶▶ 14쪽

시각 읽기	시각 읽기
	10, 열
8, 여덟	11, 열한
9, 아홉	12, 열두

02과 ▶▶ 15쪽

① 7, 일곱   ② 10, 열   ③ 9, 아홉   ④ 8, 여덟

⑤ 11, 열한   ⑥ 12, 열두   ⑦ 9, 아홉   ⑧ 10, 열

03과 ▶▶ 16쪽

시각 읽기	시각 읽기
	4, 30, 삼십
2	5, 30, 다섯, 삼십
30	6, 30, 여섯, 삼십

03과 ▶▶ 17쪽

① 3, 30, 세, 삼십   ② 4, 30, 네, 삼십

③ 2, 30, 두, 삼십   ④ 5, 30, 다섯, 삼십

⑤ 6, 30, 여섯, 삼십   ⑥ 1, 30, 한, 삼십

⑦ 2, 30, 두, 삼십   ⑧ 4, 30, 네, 삼십

04과 ▶▶ 18쪽

시각 읽기	시각 읽기
	10, 30, 삼십
8, 30	11, 30, 열한, 삼십
9, 30	12, 30, 열두, 삼십

04과 ▶▶ 19쪽

① 8, 30, 여덟, 삼십   ② 9, 30, 아홉, 삼십

③ 10, 30, 열, 삼십   ④ 7, 30, 일곱, 삼십

⑤ 11, 30, 열한, 삼십   ⑥ 12, 30, 열두, 삼십

⑦ 7, 30, 일곱, 삼십   ⑧ 10, 30, 열, 삼십

05과 ▶▶ 20쪽

① 5시   ② 7시   ③ 2시 30분

④ 9시 30분   ⑤ 한시   ⑥ 네시

⑦ 여덟시 삼십분   ⑧ 다섯시 삼십분

05과 ▶▶ 21쪽

①    ②

③    ④

⑤    ⑥

06과 ▶▶ 22쪽

① 8, 30   ② 11   ③ 9, 30

06과 ▶▶ 23쪽

①    ②

③    ④

07과 ▶▶ 24쪽

①

②

③

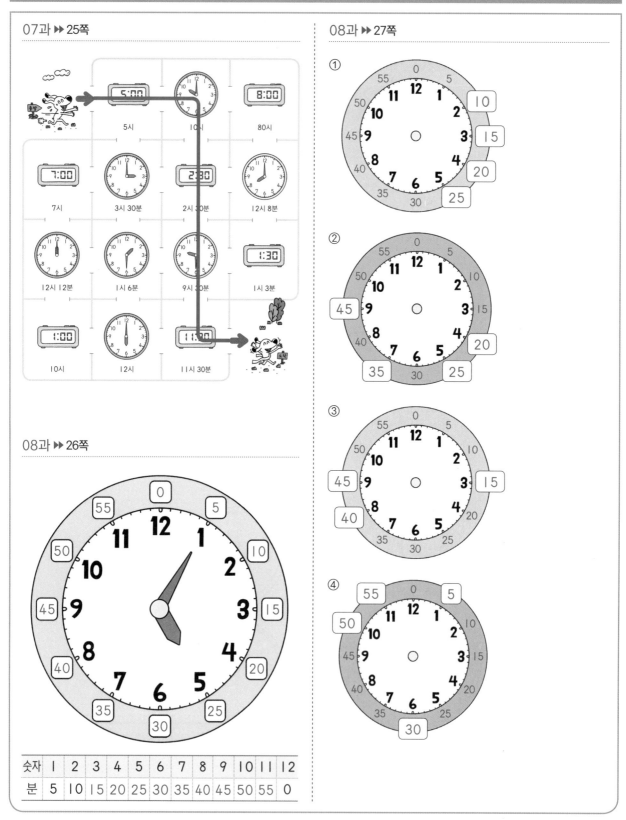

정답 →

07과 ▸▸ 25쪽

5시	10시	80시
7시	3시 30분	2시 30분	12시 8분
12시 12분	1시 6분	9시 30분	1시 3분
10시	12시	11시 30분	

08과 ▸▸ 26쪽

숫자	1	2	3	4	5	6	7	8	9	10	11	12
분	5	10	15	20	25	30	35	40	45	50	55	0

08과 ▸▸ 27쪽

①

②

③

④

158

09과 ▶ 28쪽

시각 읽기	시각 읽기
	2, 20
2, 10	2, 25
2, 15	2, 30

09과 ▶ 29쪽

① 3, 5 ② 6, 20
③ 4, 10 ④ 8, 25
⑤ 7, 15 ⑥ 1, 30
⑦ 5, 25 ⑧ 12, 20

10과 ▶ 30쪽

시각 읽기	시각 읽기
	2, 50
2, 40	2, 55
2, 45	

10과 ▶ 31쪽

① 3, 40 ② 1, 35 ③ 4, 45
④ 9, 40 ⑤ 11, 35 ⑥ 7, 55
⑦ 6, 45 ⑧ 5, 50

11과 ▶ 32쪽

① 7시 5분 ② 10시 30분
③ 12시 35분 ④ 3시 25분
⑤ 6시 40분 ⑥ 12시 10분
⑦ 10시 20분 ⑧ 8시 55분

11과 ▶ 33쪽

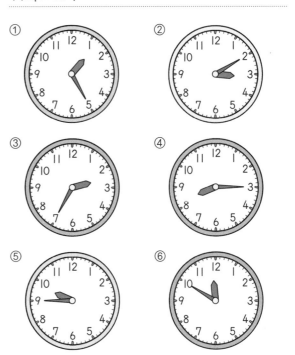

12과 ▶ 34쪽

① 3, 20 ② 5, 35 ③ 8, 15

12과 ▶ 35쪽

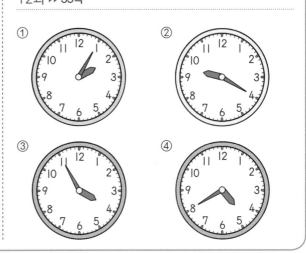

13과 ▶▶ 36쪽

①

②

③

13과 ▶▶ 37쪽

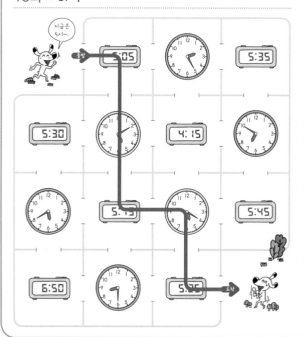

14과 ▶▶ 38쪽

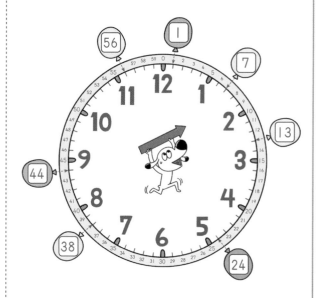

14과 ▶▶ 39쪽

① 6, 12   ② 6, 48   ③ 6, 24   ④ 6, 56

15과 ▶▶ 40쪽

시각 읽기	시각 읽기
	5, 42
1, 18	5, 48
1, 21	5, 54

15과 ▶▶ 41쪽

① 3, 11   ② 5, 22   ③ 6, 53   ④ 2, 34

⑤ 4, 28   ⑥ 9, 13   ⑦ 10, 24   ⑧ 11, 47

16과 ▶▶ 42쪽

① 4시 8분   ② 7시 4분

③ 2시 26분   ④ 12시 52분

⑤ 5시 37분   ⑥ 9시 18분

⑦ 4시 39분   ⑧ 3시 51분

16과 ▶▶ 43쪽

17과 ▶▶ 44쪽

① 6, 9

② 5, 47

③ 10, 18

17과 ▶▶ 45쪽

① 5, 13 /

② 7, 19 /

③ 12, 27 /

④ 3, 41 /

18과 ▶▶ 46쪽

①  ②

③ ④

18과 ▶▶ 47쪽

 (⑦) (④) (⑧)

19과 ▶▶ 48쪽

시각 읽기	시각 읽기
	반
반	9, 반
3, 반	30, 12, 반

19과 ▶▶ 49쪽

① 4, 30, 4

② 7, 30, 7, 반

③ 5, 30, 5, 반

④ 10, 30, 10, 반

⑤ 8, 30, 8, 반

⑥ 11, 30, 11, 반

20과 ▶▶ 50쪽

시각 읽기	시각 읽기
	5
5	5
5	5

20과 ▸▸51쪽

① 4, 55, 5   ② 6, 55, 5

③ 7, 55, 8, 5   ④ 9, 55, 10, 5

⑤ 10, 55, 11, 5   ⑥ 12, 55, 1, 5

21과 ▸▸52쪽

시각 읽기	시각 읽기
10	15
10	15

21과 ▸▸53쪽

① 1, 50, 10   ② 4, 45, 15

③ 6, 50, 7, 10   ④ 10, 45, 11, 15

⑤ 8, 50, 9, 10   ⑥ 11, 45, 12, 15

22과 ▸▸54쪽

① 2, 30, 2   ② 9, 30, 9, 반

③ 4, 50, 5, 10   ④ 5, 55, 6, 5

⑤ 3, 45, 4, 15   ⑥ 7, 50, 8, 10

⑦ 8, 55, 9, 5   ⑧ 12, 45, 1, 15

22과 ▸▸55쪽

①  1, 55

②  3, 50

③  6, 45

④  11, 50

⑤  8, 55

⑥  10, 45

23과 ▸▸56쪽

① 5   ② 8, 15   ③ 9, 10

23과 ▸▸57쪽

① 반   ② 5, 반   ③ 5   ④ 12, 15

⑤ 50   ⑥ 9, 45   ⑦ 11, 55

24과 ▸▸58쪽

① 시영   ② 윤서

③ 체육   ④ 영화

⑤ 야구   ⑥ 버스

24과 ▶▶ 59쪽

(시계)	5시 5분 전	(시계)	8시 15분 전
6시 반	(시계)	8시 5분 전	(시계)
(시계)	5시 15분 전	(시계)	8시 반
6시 10분 전	(시계)	(시계)	7시 15분 전

25과 ▶▶ 60쪽

1, 5 / 6, 13

25과 ▶▶ 61쪽

① 5	② 15	③ 30	④ 45
⑤ 53	⑥ 46	⑦ 12	⑧ 24

26과 ▶▶ 62쪽

시각 읽기		35
시각 읽기	35, 25	6, 15, 50

26과 ▶▶ 63쪽

① 45	② 10, 20	③ 55, 15
④ 25, 5	⑤ 6, 17, 40	⑥ 10, 33, 10

27과 ▶▶ 64쪽

시각 읽기		18
시각 읽기	20, 12	4, 35, 44

27과 ▶▶ 65쪽

① 23	② 19
③ 15, 8	④ 4, 32
⑤ 2, 40, 47	⑥ 10, 26, 11

28과 ▶▶ 66쪽

① 4시 35분 50초	② 4시 30분 10초
③ 6시 10분 5초	④ 10시 15분 36초
⑤ 2시 40분 29초	⑥ 7시 25분 3초

28과 ▶▶ 67쪽

① 3, 5, 25	② 12, 15, 40
③ 4, 50, 55	④ 11, 25, 41
⑤ 8, 20, 12	⑥ 1, 34, 48

29과 ▶▶ 68쪽

①  ②

③

29과 ▸▸ 69쪽

11시 50분	1시 10분 55초	9시 8분
4시 30분 40초	9시 10분 전	6시 20분 25초
4시 25분 30초	11시 7분	10시 55분 5초

둘째 마당 · 시간과 달력

30과 ▸▸ 72쪽

시각 / 시간 / 시각 / 시간

30과 ▸▸ 73쪽

① 시각	② 시각	③ 시간	④ 시각
⑤ 시각	⑥ 시간	⑦ 시간	⑧ 시각

31과 ▸▸ 74쪽

60 / 1 / 1 / 60

31과 ▸▸ 75쪽

① 60	② 120	③ 180	④ 240

⑤ 300	⑥ 360	⑦ 1	⑧ 2
⑨ 4	⑩ 5	⑪ 6	⑫ 7

32과 ▸▸ 76쪽

90 / 105

32과 ▸▸ 77쪽

① 1, 60, 65	② 1, 20, 60, 20, 80
③ 100	④ 130
⑤ 150	⑥ 185
⑦ 60, 1, 1, 5	⑧ 60, 1, 20, 1, 20
⑨ 1, 40	⑩ 2, 20

33과 ▸▸ 78쪽

① 120	② 240	③ 180
④ 300	⑤ 90	⑥ 110
⑦ 135	⑧ 160	⑨ 190
⑩ 210	⑪ 245	⑫ 320

33과 ▸▸ 79쪽

① 2	② 3	③ 5
④ 4	⑤ 1, 10	⑥ 1, 40
⑦ 2, 20	⑧ 3, 20	⑨ 2, 25
⑩ 2, 45	⑪ 3, 35	⑫ 4, 10

34과 ▸▸ 80쪽

① 120	② 3	③ 300
④ 6	⑤ 75	⑥ 1, 30
⑦ 125	⑧ 1, 45	⑨ 150
⑩ 2, 50	⑪ 210	⑫ 3, 50

34과 ▶▶ 81쪽

35과 ▶▶ 82쪽

60 / 1 / 1 / 60

35과 ▶▶ 83쪽

① 60   ② 180   ③ 240   ④ 300
⑤ 360   ⑥ 480   ⑦ 1   ⑧ 2
⑨ 3   ⑩ 5   ⑪ 4   ⑫ 7

36과 ▶▶ 84쪽

100 / 105

36과 ▶▶ 85쪽

① 1, 60, 65   ② 1, 60, 90
③ 110   ④ 160
⑤ 190   ⑥ 260
⑦ 60, 1, 1, 10   ⑧ 60, 1, 30, 1, 30

⑨ 1, 45   ⑩ 3, 20

37과 ▶▶ 86쪽

① 120   ② 240   ③ 300   ④ 420
⑤ 70   ⑥ 90   ⑦ 110   ⑧ 140
⑨ 160   ⑩ 190   ⑪ 205   ⑫ 245

37과 ▶▶ 87쪽

① 3   ② 5   ③ 6   ④ 7
⑤ 1, 20   ⑥ 1, 40   ⑦ 2, 30   ⑧ 2, 50
⑨ 3, 20   ⑩ 3, 35   ⑪ 4, 10   ⑫ 4, 40

38과 ▶▶ 88쪽

① 180   ② 4   ③ 360   ④ 8
⑤ 90   ⑥ 2, 10   ⑦ 110   ⑧ 2, 30
⑨ 135   ⑩ 2, 50   ⑪ 200   ⑫ 3, 25

38과 ▶▶ 89쪽

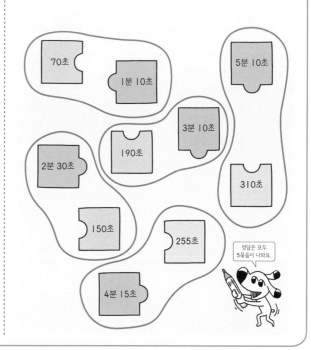

39과 ▶▶90쪽

5 / 40

39과 ▶▶91쪽

① / 3
12시 1시 2시 3시 4시 5시 6시 7시 8시 9시 10시 11시 12시

② / 6
12시 1시 2시 3시 4시 5시 6시 7시 8시 9시 10시 11시 12시

③ / 30
5시 10분 20분 30분 40분 50분 6시

40과 ▶▶92쪽

80, 1, 20 / 1 / 20 / 1, 20

40과 ▶▶93쪽

① / 70, 1, 10
6시 10분 20분 30분 40분 50분 7시 10분 20분 30분 40분 50분 8시

② / 90, 1, 30
2시 10분 20분 30분 40분 50분 3시 10분 20분 30분 40분 50분 4시

③ / 85, 1, 25
10시 10분 20분 30분 40분 50분 11시 10분 20분 30분 40분 50분 12시

41과 ▶▶94쪽

① 6   ② 8   ③ 4
④ 5   ⑤ 20   ⑥ 25

41과 ▶▶95쪽

① 1, 10   ② 1, 20   ③ 1, 25
④ 1, 30   ⑤ 2, 20   ⑥ 2, 15

풀이 ② 3시 20분 ─1시간 후→ 4시 20분
─20분 후→ 4시 40분
흘러간 시간: 1시간 20분

③ 6시 5분 ─1시간 후→ 7시 5분
─25분 후→ 7시 30분
흘러간 시간: 1시간 25분

④ 7시 25분 ─1시간 후→ 8시 25분
─30분 후→ 8시 55분
흘러간 시간: 1시간 30분

⑥ 12시 30분 ─2시간 후→ 2시 30분
─15분 후→ 2시 45분
흘러간 시간: 2시간 15분

42과 ▶▶96쪽

① 1   ② 1, 30   ③ 3, 25   ④ 2, 40

풀이 ② 10시 20분 ─1시간 후→ 11시 20분
─30분 후→ 11시 50분
걸린 시간: 1시간 30분

③ 1시 ─3시간 후→ 4시
─25분 후→ 4시 25분
걸린 시간: 3시간 25분

④ 1시 10분 ─2시간 후→ 3시 10분
─40분 후→ 3시 50분
걸린 시간: 2시간 40분

42과 ▶▶97쪽

①    ②

③  ④

풀이 ① 11시 ─40분 후→ 11시 40분

끝난 시각: 11시 40분

② 2시 20분 ─35분 후→ 2시 55분

끝난 시각: 2시 55분

③ 10시 10분 ─1시간 후→ 11시 10분
─20분 후→ 11시 30분

끝난 시각: 11시 30분

④ 3시 20분 ─1시간 후→ 4시 20분
─30분 후→ 4시 50분

끝난 시각: 4시 50분

43과 ▸▸98쪽

① 3   ② 35   ③ 1, 15

④ 1, 20   ⑤ 1, 30   ⑥ 2, 10

풀이 ③ 8시 20분 ─1시간 후→ 9시 20분
─15분 후→ 9시 35분

흐러간 시간: 1시간 15분

④ 7시 30분 ─1시간 후→ 8시 30분
─20분 후→ 8시 50분

흐러간 시간: 1시간 20분

⑤ 6시 15분 ─1시간 후→ 7시 15분
─30분 후→ 7시 45분

흐러간 시간: 1시간 30분

⑥ 1시 30분 ─2시간 후→ 3시 30분
─10분 후→ 3시 40분

흐러간 시간: 2시간 10분

43과 ▸▸99쪽

삼촌

풀이 할아버지: 1시간, 할머니: 1시간, 아빠: 1시간 20분,

엄마: 1시간, 삼촌: 1시간 50분, 이모: 50분,

나: 1시간 10분, 동생: 30분

➡ 가장 오랫동안 운동한 사람은 삼촌입니다.

44과 ▸▸100쪽

1 / 24 / 24

44과 ▸▸101쪽

① 24   ② 48   ③ 72   ④ 96

⑤ 27   ⑥ 30   ⑦ 54   ⑧ 61

⑨ 24, 1, 4   ⑩ 24, 1, 8   ⑪ 1, 11   ⑫ 1, 16

45과 ▸▸102쪽

오전 / 오후

45과 ▸▸103쪽

① 오전   ② 오후   ③ 오전   ④ 오후

⑤ 오후   ⑥ 오후   ⑦ 오전   ⑧ 오전

⑨ 오후   ⑩ 오후

46과 ▸▸104쪽

9 / 2 / 5

46과 ▶▶ 105쪽

① 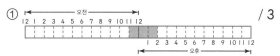 / 3

② 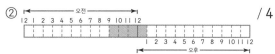 / 4

③ 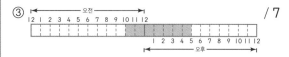 / 7

47과 ▶▶ 106쪽

① 72   ② 1   ③ 96   ④ 3
⑤ 28   ⑥ 1, 3   ⑦ 44   ⑧ 1, 10
⑨ 55   ⑩ 1, 21   ⑪ 62   ⑫ 2, 6

47과 ▶▶ 107쪽

① 3   ② 9   ③ 5
④ 6   ⑤ 7   ⑥ 11

풀이 ⑥ 오전 5시 → (7시간 후) → 낮 12시
→ (4시간 후) → 오후 4시
흘러간 시간: 11시간

48과 ▶▶ 108쪽

① 오전, 7   ② 오후, 2
③ 오전, 8, 오후, 2   ④ 오후, 4, 오후, 6
⑤ 오후, 10, 오전, 7

48과 ▶▶ 109쪽

① 5   ② 4   ③ 6   ④ 2

49과 ▶▶ 110쪽

① >   ② =   ③ >   ④ >   ⑤ >
⑥ <   ⑦ =   ⑧ >   ⑨ <   ⑩ =

49과 ▶▶ 111쪽

5 / 6 / 5 / 3 / 나영

50과 ▶▶ 112쪽

수, 목 / 11, 18, 25 / 7, 7

50과 ▶▶ 113쪽

① 14   ② 21   ③ 10   ④ 12
⑤ 18   ⑥ 25   ⑦ 7, 1, 2   ⑧ 7, 1, 6
⑨ 2, 5   ⑩ 3, 3   ⑪ 2, 6   ⑫ 4, 3

51과 ▶▶ 114쪽

5 / 12 / 8 / 22

51과 ▶▶ 115쪽

① 15   ② 19   ③ 26   ④ 8   ⑤ 29

52과 ▶▶ 116쪽

8 / 22, 29 / 13 / 토

52과 ▶▶ 117쪽

① 금, 토   ② 16, 23   ③ 17, 24
④ 일   ⑤ 수   ⑥ 수

풀이 ④ 10일이 토요일이므로 11일은 일요일입니다.
⑤ 21일에서 7일 전인 14일이 수요일이므로
21일도 수요일입니다.
⑥ 28일, 21일, 14일은 같은 요일입니다.
＜-7＞ ＜-7＞
따라서 28일은 수요일입니다.

53과 ▶▶118쪽

① 14   ② 3   ③ 28   ④ 5
⑤ 13   ⑥ 3, 1   ⑦ 17   ⑧ 2, 5
⑨ 24   ⑩ 3, 4   ⑪ 26   ⑫ 4, 2

53과 ▶▶119쪽

① 목   ② 토   ③ 7
④ 24   ⑤ 11

54과 ▶▶120쪽

① 20, 27   ② 15, 22, 29   ③ 21
④ 26   ⑤ 일

풀이 ⑤ 26일, 19일, 12일은 같은 요일입니다.
-7 -7
따라서 26일은 일요일입니다.

54과 ▶▶121쪽

55과 ▶▶122쪽

12, 12 / 12, 24

55과 ▶▶123쪽

① 24   ② 36   ③ 48
④ 60   ⑤ 15   ⑥ 22
⑦ 29   ⑧ 32   ⑨ 12, 1, 8
⑩ 12, 1, 11   ⑪ 2, 1   ⑫ 2, 6

56과 ▶▶124쪽

7, 8, 10, 12 / 9, 11 / 2

56과 ▶▶125쪽

① 31일   ② 30일   ③ 31일
④ 31일   ⑤ 31일   ⑥ 30일
⑦ 31일   ⑧ 31일   ⑨ 30일
⑩ 31일

57과 ▶▶126쪽

① 18개월   ② 1년 2개월
③ 22개월   ④ 2년
⑤ 29개월   ⑥ 2년 8개월
⑦ 35개월   ⑧ 3년 6개월
⑨ 40개월   ⑩ 4년 10개월

57과 ▶▶127쪽

① ○   ② ○   ③ ×   ④ ○   ⑤ ○
⑥ ×   ⑦ ○   ⑧ ○   ⑨ ○   ⑩ ×

58과 ▶▶128쪽

① 13   ② 23   ③ 29
④ 39   ⑤ 53   ⑥ 62
⑦ 1, 5   ⑧ 1, 11   ⑨ 2, 6
⑩ 2, 9   ⑪ 3, 4   ⑫ 3, 11

58과 ▶▶129쪽

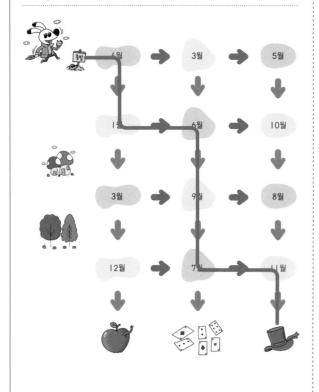

셋째 마당 · 시간의 계산

59과 ▶▶132쪽

3, 3 / 3, 30, 3, 30

59과 ▶▶133쪽

① 5   ② 8   ③ 6, 30   ④ 9, 40
⑤ 7, 20   ⑥ 8, 50   ⑦ 9, 34   ⑧ 10, 52

60과 ▶▶134쪽

2, 25, 40, 25, 40
/ 8, 18, 37, 8, 18, 37

60과 ▶▶135쪽

① 6, 37, 35   ② 7, 34, 40
③ 9, 39, 12   ④ 10, 25, 32
⑤ 11, 27, 53   ⑥ 10, 50, 51
⑦ 3, 55, 37   ⑧ 8, 56, 23

61과 ▶▶136쪽

15, 45, 15, 45
/ 2, 45, 18, 2, 45, 18

61과 ▶▶137쪽

① 7, 35   ② 21, 15
③ 4, 41   ④ 5, 55
⑤ 3, 34, 10   ⑥ 7, 50, 25
⑦ 3, 7, 45   ⑧ 6, 55, 30

62과 ▶▶138쪽

① 7, 45   ② 7, 57   ③ 7, 37   ④ 10, 40
⑤ 9, 55   ⑥ 14, 50   ⑦ 8, 52   ⑧ 11, 45

62과 ▶▶ 139쪽

① 5, 25, 8   ② 9, 17, 18

③ 8, 40, 16   ④ 10, 45, 47

⑤ 7, 50, 15   ⑥ 11, 41, 22

⑦ 3, 17, 25   ⑧ 11, 10, 30

63과 ▶▶ 140쪽

① 10, 25   ② 10, 8   ③ 2, 48   ④ 2, 20

풀이 ① (출발 시각)+(걸리는 시간)

     =9시+1시간 25분=10시 25분

② (출발 시각)+(걸리는 시간)

     =9시+1시간 8분=10시 8분

③ (매표소 ~ 능안정)+(능안정 ~ 정상)

     =1시간 25분+1시간 23분=2시간 48분

④ (매표소 ~ 전나무 숲)+(전나무 숲 ~ 정상)

     =1시간 8분+1시간 12분=2시간 20분

63과 ▶▶ 141쪽

① 3시간 30분   ② 2시 47분

③ 4시 50분   ④ 9시 25분 20초

⑤ 2시간 25분

풀이 ④ 8시 22분 15초+1시간 3분 5초

     =9시 25분 20초

⑤ 1시간 5분+1시간 20분=2시간 25분

64과 ▶▶ 142쪽

① 5, 28   ② 8, 43

③ 9, 41   ④ 9, 50

⑤ 5, 30, 35   ⑥ 7, 23, 40

⑦ 7, 15, 12   ⑧ 10, 45, 35

64과 ▶▶ 143쪽

야구  축구

탁구   테니스

/ 축구

풀이 야구: 1시+3시간=4시

      축구: 2시+2시간 15분=4시 15분

      탁구: 2시 30분+1시간 5분=3시 35분

      테니스: 3시 10분 30초+40분 25초

            =3시 50분 55초

65과 ▶▶ 144쪽

1, 1 / 2, 20, 2, 20

65과 ▶▶ 145쪽

① 2   ② 3   ③ 2, 20   ④ 3, 20

⑤ 3, 10   ⑥ 4, 18   ⑦ 2, 31   ⑧ 6, 8

66과 ▶▶ 146쪽

3, 20, 45, 20, 45

/ 5, 35, 25, 5, 35, 25

 정답 →

66과 ▶▶ 147쪽

① 2, 15, 30　　　　② 1, 5, 20
③ 3, 13, 13　　　　④ 3, 18, 4
⑤ 2, 23, 13　　　　⑥ 4, 3, 16
⑦ 2, 48, 23　　　　⑧ 13, 9

67과 ▶▶ 148쪽

3, 10, 3, 10
/ 1, 18, 7, 1, 18, 7

67과 ▶▶ 149쪽

① 2, 15　　　　　② 35, 15
③ 3, 25　　　　　④ 2, 20
⑤ 2, 6, 25　　　　⑥ 3, 37, 9
⑦ 1, 23, 8　　　　⑧ 50, 5

68과 ▶▶ 150쪽

① 3, 12　② 4, 13　③ 5, 25　④ 1, 3
⑤ 4, 11　⑥ 13, 7　⑦ 4, 7　⑧ 3, 18

68과 ▶▶ 151쪽

① 1, 15, 25　　　　② 5, 5, 31
③ 2, 26, 5　　　　④ 1, 21, 17
⑤ 3, 7, 8　　　　⑥ 9, 16
⑦ 6, 5, 5　　　　⑧ 36, 5

69과 ▶▶ 152쪽

① 2, 10　　　② 1, 15　　　③ 2, 20, 10
풀이 ① 7시 20분−5시 10분=2시간 10분
　　 ② 5시 50분−4시 35분=1시간 15분
　　 ③ 11시 20분 30초−9시 20초
　　　　=2시간 20분 10초

69과 ▶▶ 153쪽

① 2시간 15분　　　② 6시 15분
③ 7시 40분　　　④ 3시간 6분
⑤ 5시간 15분
풀이 ① 3시간 40분−1시간 25분=2시간 15분
　　 ② 6시 50분−35분=6시 15분
　　 ③ 9시 45분−2시간 5분=7시 40분
　　 ④ 4시 24분−1시 18분=3시간 6분
　　 ⑤ 11시 38분−6시 23분=5시간 15분

70과 ▶▶ 154쪽

① 3, 23　　　　　② 4, 38
③ 6, 17　　　　　④ 3, 12
⑤ 1, 33, 20　　　⑥ 4, 16, 6
⑦ 4, 6, 15　　　　⑧ 9, 5, 20

70과 ▶▶ 155쪽

갈비찜
풀이 피자: 3시 58분−2시 12분=1시간 46분
　　 라면: 10시 52분−10시 42분=10분
　　 갈비찜: 6시 33분−4시 26분=2시간 7분
　　 잡채: 7시 40분−5시 38분=2시간 2분
　　 따라서 가장 오랫동안 만든 음식은 갈비찜입니다.

초등 수학 공부, 이렇게 하면 효과적!

"펑펑 내려야 눈이 쌓이듯 공부도 집중해야 실력이 쌓인다!"

학교 다닐 때는? | 학기별 연산책 '바빠 교과서 연산'

'바빠 교과서 연산'부터 시작하세요. 학기별 진도에 딱 맞춘 쉬운 연산 책이니까요! 방학 동안 다음 학기 선행을 준비할 때도 '바빠 교과서 연산'으로 시작하세요! 교과서 순서대로 빠르게 공부할 수 있어, 첫 번째 수학 책으로 추천합니다.

시험이나 서술형 대비는? | '나 혼자 푼다 바빠 수학 문장제'

학교 시험을 대비하고 싶다면 '나 혼자 푼다! 수학 문장제'로 공부하세요. 너무 어렵지도 쉽지도 않은 딱 적당한 난이도로, 빈칸을 채우면 풀이 과정이 완성됩니다! 막막하지 않아요~ 요즘 학교 시험 풀이 과정을 손쉽게 연습할 수 있습니다.

방학 때는? | 10일 완성 영역별 연산책 '바빠 연산법'

내가 부족한 영역만 골라 보충할 수 있어요! 예를 들어 4학년인데 나눗셈이 어렵다면 나눗셈, 5학년인데 분수가 어렵다면 분수만 골라 훈련하세요. 방학 때나 학습 결손이 생겼을 때, 취약한 연산 구멍을 빠르게 메꿀수 있어요!

바빠 연산 영역:
덧셈, 뺄셈, 구구단, 시계와 시간, 길이와 시간 계산, 곱셈, 나눗셈, 약수와 배수, 분수, 소수, 자연수의 혼합 계산, 분수와 소수의 혼합 계산, 평면도형 계산, 입체도형 계산, 비와 비례, 방정식, 확률과 통계

바빠 시리즈 초등 학년별 추천 도서

학년	학기별 연산책 바빠 교과서 연산 학기 중, 선행용으로 추천!	나 혼자 푼다! 수학 문장제 학교 시험 서술형 완벽 대비!
1학년	·바빠 교과서 연산 1-1 ·바빠 교과서 연산 1-2	·나 혼자 푼다! 수학 문장제 1-1 ·나 혼자 푼다! 수학 문장제 1-2
2학년	·바빠 교과서 연산 2-1 ·바빠 교과서 연산 2-2	·나 혼자 푼다! 수학 문장제 2-1 ·나 혼자 푼다! 수학 문장제 2-2
3학년	·바빠 교과서 연산 3-1 ·바빠 교과서 연산 3-2	·나 혼자 푼다! 수학 문장제 3-1 ·나 혼자 푼다! 수학 문장제 3-2
4학년	·바빠 교과서 연산 4-1 ·바빠 교과서 연산 4-2	·나 혼자 푼다! 수학 문장제 4-1 ·나 혼자 푼다! 수학 문장제 4-2
5학년	·바빠 교과서 연산 5-1 ·바빠 교과서 연산 5-2	·나 혼자 푼다! 수학 문장제 5-1 ·나 혼자 푼다! 수학 문장제 5-2
6학년	·바빠 교과서 연산 6-1 ·바빠 교과서 연산 6-2	·나 혼자 푼다! 수학 문장제 6-1 ·나 혼자 푼다! 수학 문장제 6-2

'바빠 교과서 연산'과
'나 혼자 문장제'를
함께 풀면
한 학기 수학 완성!

바쁜 친구들이 즐거워지는 **빠른** 학습서

영역별 연산책 바빠 연산법

방학 때나 학습 결손이 생겼을 때~

- 바쁜 1·2학년을 위한 빠른 **덧셈**
- 바쁜 1·2학년을 위한 빠른 **뺄셈**
- 바쁜 초등학생을 위한 빠른 **구구단**
- 바쁜 초등학생을 위한 빠른 **시계와 시간**

- 바쁜 초등학생을 위한 빠른 **길이와 시간 계산**
- 바쁜 3·4학년을 위한 빠른 **덧셈**
- 바쁜 3·4학년을 위한 빠른 **뺄셈**
- 바쁜 3·4학년을 위한 빠른 **분수**
- 바쁜 3·4학년을 위한 빠른 **곱셈**
- 바쁜 3·4학년을 위한 빠른 **나눗셈**
- 바쁜 3·4학년을 위한 빠른 **방정식**

- 바쁜 5·6학년을 위한 빠른 **곱셈**
- 바쁜 5·6학년을 위한 빠른 **나눗셈**
- 바쁜 5·6학년을 위한 빠른 **분수**
- 바쁜 5·6학년을 위한 빠른 **소수**
- 바쁜 5·6학년을 위한 빠른 **방정식**
- 바쁜 초등학생을 위한 빠른 **약수와 배수, 평면도형 계산, 입체도형 계산, 자연수의 혼합 계산, 분수와 소수의 혼합 계산, 비와 비례, 확률과 통계**

바빠 국어/ 급수한자

초등 교과서 필수 어휘와 문해력 완성!

- 바쁜 초등학생을 위한 빠른 **맞춤법 1**
- 바쁜 초등학생을 위한 빠른 **급수한자 8급**
- 바쁜 초등학생을 위한 빠른 **독해 1, 2**

- 바쁜 초등학생을 위한 빠른 **독해 3, 4**
- 바쁜 초등학생을 위한 빠른 **맞춤법 2**
- 바쁜 초등학생을 위한 빠른 **급수한자 7급 1, 2**

- 바쁜 초등학생을 위한 빠른 **급수한자 6급 1, 2, 3**
- 보일락 말락~ 바빠 급수한자판 + 6·7·8급 모의시험

- 바빠 급수 시험과 어휘력 잡는 초등 **한자 총정리**
- 바쁜 초등학생을 위한 빠른 **독해 5, 6**

재미있게 읽다 보면 나도 모르게 교과 지식까지 쑥쑥!

바빠 영어

우리 집, 방학 특강 교재로 인기 최고!

- 바쁜 초등학생을 위한 빠른 **알파벳 쓰기**
- 바쁜 초등학생을 위한 빠른 **영단어 스타터 1, 2**
- 바쁜 초등학생을 위한 빠른 **사이트 워드 1, 2** 유튜브 강의 제공
- 바쁜 초등학생을 위한 빠른 **파닉스 1, 2**

- 전 세계 어린이들이 가장 많이 읽는 **영어동화 100편 : 명작/과학/위인동화**
- 짝 단어로 끝내는 바빠 초등 **영단어** — 3·4학년용
- 바쁜 3·4학년을 위한 빠른 **영문법 1, 2**
- 바빠 초등 필수 **영단어**
- 바빠 초등 필수 **영단어 트레이닝**
- 바빠 초등 **영어 교과서 필수 표현**
- 바빠 초등 **영어 일기 쓰기**

- 짝 단어로 끝내는 바빠 초등 **영단어** — 5·6학년용
- 바빠 초등 **영문법** — 5·6학년용 1, 2, 3
- 바빠 초등 **영어시제 특강** — 5·6학년용
- 바쁜 5·6학년을 위한 빠른 **영작문**
- 바빠 초등 하루 5문장 **영어 글쓰기 1, 2**